艺术设计职业教育系列丛书

3ds Max+V-ray
图像制作
——基础教程

冉祥琼　顾海清　主　编
杨文波　刘　扉　副主编

U0276117

化学工业出版社
·北京·

本书针对3ds Max实际制作要点，以具体案例为切入点，重点针对室内设计等相关专业学科的专业技能要求进行编写设计，对效果图制作过程中比较常用的创建、编辑及渲染工具进行重点讲解。依次介绍了3ds Max基础知识、几何体建模、修改命令的应用、摄影机和渲染器、灯光的应用、材质的应用、室内效果图制作等内容。

本书采用"案例式"编写方法，全部案例化整为零，同时涉及制图实践的操作技巧，并在每个案例后标明案例操作要点及制作总结。可供室内设计、环境艺术设计、产品造型设计等专业师生学习使用。

图书在版编目（CIP）数据

3ds Max+V-ray图像制作基础教程／冉祥琼，顾海清主编．—北京：化学工业出版社，2017.9
ISBN 978-7-122-30233-5

Ⅰ.①3… Ⅱ.①冉…②顾… Ⅲ.①三维动画软件-教材 Ⅳ.①TP391.414

中国版本图书馆CIP数据核字（2017）第167536号

责任编辑：李彦玲　　　　　　　　　　　文字编辑：吴开亮
责任校对：吴　静　　　　　　　　　　　装帧设计：王晓宇

出版发行：化学工业出版社（北京市东城区青年湖南街13号　邮政编码100011）
印　　装：中煤（北京）印务有限公司
787mm×1092mm　1/16　印张10　字数296千字　2017年9月北京第1版第1次印刷

购书咨询：010-64518888（传真：010-64519686）　　售后服务：010-64518899
网　　址：http://www.cip.com.cn
凡购买本书，如有缺损质量问题，本社销售中心负责调换。

定　　价：49.80元
版权所有　违者必究

前言
Foreword

　　3ds Max软件的全称是3D Studio Max，是由美国的Autodesk的子公司Discreet公司（前期为独立公司，后被Autodesk公司合并）开发的基于PC系统的三维动画渲染和制作软件（其前身是基于DOS操作系统的3D Studio系列软件），是目前世界上应用范围最广泛的三维建模、动画、渲染软件。本书中介绍的3ds Max 2012中文版，虽然不是目前最新版本，但具备一定的兼容性和稳定性，在易操作性上也较为突出。

　　作为一本讲解3ds Max 2012中文版实际应用的教程，全书共分七章，通过53个案例，分别介绍了3ds Max基础知识、几何体建模、修改命令的应用、摄影机和渲染器、灯光的应用、材质的应用和室内效果图制作的实际应用方法。

　　在案例和理论知识的讲解过程中，提炼概括每章节的学习目的、重点与难点；每个案例中都介绍案例技能演练目的、案例技能操作要点、强化记忆快捷键等。并在案例制作过程中适时加入"操作技巧"，引导读者更好地完成日后的设计制图工作，使读者在掌握软件制作技巧的同时掌握效果图的制作方法，从而达到软件学习与技能应用的完美结合，实现教材内容与教学实践的"教、学、做"一体化，使本书的内容适于室内设计专业及相关专业学生及室内设计爱好者使用。

　　辽宁省艺术设计职教集团是由数十家中高职院校，联合相关专业的行业协会、企业共同组建的，形成了中高职衔接、教学实践、对口就业有机结合的创新机制。本套系列丛书是由集团的各单位，在以职业岗位为依托、以培养具备优秀职业能力的社会需求人才为目标的前提下，共同编写完成的。

　　本书主编为冉祥琼和顾海清，副主编为杨文波和刘扉，参编为朱砂和王洋。按章节顺序，撰写分工如下：第一章由冉祥琼完成。第二章由冉祥琼和杨文波合作完成。第三章中，案例8至案例13由冉祥琼和杨文波合作完成，案例14至案例25由顾海清和王洋合作完成，非案例内容由冉祥琼完成。第四章由顾海清和王洋合作完成。第五章中，案例28至案例30由顾海清和王洋合作完成，案例31至案例34由冉祥琼完成。第六章中，非案例内容由冉祥琼完成，案例35至案例47由朱砂完成。第七章由刘扉完成。

　　最后，感谢辽宁省艺术设计职教集团，特别是辽宁经济职业技术学院工艺美术学院相关领导和老师在各方面对笔者的支持和帮助；感谢全体编写人员和化学工业出版社编辑的辛苦付出。

　　由于笔者水平有限，书中难免出现不足之处，恳请广大读者、同仁、专家批评指正，提出宝贵意见，留待日后进一步深入修订与完善，谢谢！

编者

2017年6月

目 录
Contents

第七章
室内效果图制作 —— 134

第一章
3ds Max基础知识

学习目的

初步了解3ds Max 2012中文版软件的操作界面，并能够进行简单的界面操作；了解软件界面及单位设置方法；掌握绘制对象的选择、复制、对齐等技能。

重点难点

重点：图形的选择、复制、对齐。

难点：个性化定制软件界面。

一、3ds Max简介

3ds Max软件的全称是3D Studio Max，我们常简称其为3D或Max，是由美国的Autodesk的子公司Discreet公司（前期为独立公司，后被Autodesk公司合并）开发的基于PC系统的三维动画渲染和制作软件（其前身是基于DOS操作系统的3D Studio系列软件），是目前世界上应用范围最广泛的三维建模、动画、渲染软件。

1. 3ds Max的特点及应用

3ds Max软件的功能非常强大，可以准确地创建各类模型，并为模型赋予较真实的材质，渲染出逼真的图像或动画，给使用者以最直观的视觉感受。同时，它的兼容性也比较高，可以导入多种软件制作的图形图像作为设计的辅助，帮助使用者更好地利用软件进行图像和动画设计。

正因为3ds Max的上述特点，它在诸多领域有着广泛的应用。在工业设计产品造型领域，设计师普遍运用它来设计制作产品模型效果图，如汽车、电器、机械的造型设计等。还有很多动漫设计师利用3ds Max进行动画角色、动漫场景及动漫游戏的设计和制作，如《魔兽世界》和《阿凡达》。在我们常见的影视广告行业，3ds Max常用来制作真实世界中难以录制的炫酷广告特效。当然，目前国内利用3ds Max最广泛的领域是室内外建筑装饰设计领域。特别是在室内设计行业，基本上全部使用3ds Max来进行建模和渲染，能模拟非常真实的空间效果，给客户和施工方非常明确设计展示。本书中我们对3ds Max的介绍和讲解就主要针对室内设计领域来展开，希望能为读者的室内效果图制作提供一定的技能支持。

2. 3ds Max的插件

在前文中，我们说过3ds Max软件的兼容性比较高，也就是说它有着极高的开放性，它的外挂插件非常多。在世界范围内有很多专业公司为其开发设计各种插件，商业型的插件就有上百个之多，还有数不清的免费插件和脚本工具，数量达到数千个，利用这些插件我们可以作出各种精美、逼真的图像和视频。

这些插件有的方便建模，如Power Solids（倒角及布尔运算插件）、Paint moddifier（制作石头及异形物件的工具）、Creature creator（怪兽生成器）、Digitalpeople（人物制作插件）、Head Designer（人头制造工具）、Digital Nature Tools（制作海和天空的插件）、Dreamscape（制作山水的插件）、Mountain（专门制作山脉的插件）、Natfx（植物仿真插件）、SpeedTree（树木制作插件）；有的专注于深化动画制作，如ACT（角色肌肉动画系统）、CAT（角色动画插件）、Character Studio（角色动画制作系统）、BonesPro（肌肉蒙皮插件）、JetaReyes（面部表情动画插件）；有的可以加强贴图效果，如Chameleon（制作多层的贴图材质）、EssentialTextures（制作真实的程序贴图材质）、MaxMatter（各种特殊的程序贴图）、SimbiontMax（特殊的程序贴图和材质）、TextureLab（水、火、雾等特殊程序贴图材质）、QuickDirty（快速制作出仿旧效果的贴图材质）。

接下来，我们主要介绍一下3ds Max的常用渲染插件。

（1）Mental Ray（简称MR）

它为德国Mental Images公司的产品，是第一个官方认可的渲染器，有着辉煌的历史。刚推出的时候，它作为著名的3D动画软件Softima-ge3D内置渲染器，在一定程度上使得Softima-ge3D在好莱坞电影制作中作为首选的软件。在3ds Max7.0时代，Mental Ray已经集在软件的默认安装中，无需另外安装了。

（2）FinalRender（简称FR）

2001年由德国Cebas公司出品，能支持大部分插件。在GI（全局照明）的运算速度很快，相对别的渲染器来说，FinalRender还提供了3S（次表面散射）的功能和用于卡通渲染仿真的功能，可以说是全能的渲染器。刚刚问世，就有很多使用者在试着用它代替Lightscape制作效果图和建筑动画，受到了设计师们的欢迎。

（3）Brazil（也称"巴西"）

2001年，SplutterFish公司在其网站发布了渲染插件Brazil，它可以渲染出非常细腻的画面质量，但是与之相对的是渲染速度非常慢。所以，我们常用它来渲染产品造型设计效果图，而不用来渲染室内外效果图和动画。

（4）V-ray（简称VR）

由著名的3ds Max插件公司Chaosgroup发布推出。特别的是，和很多高端渲染器由实力雄厚的大公司支撑不同，它的软件编程人员都是来自东欧的CG爱好者。V-ray渲染器提供了自带的V-ray灯光和V-ray材质，同时它的参数调节范围较小，渲染速度非常快，容易学习，特别适合初学者和无基础者。本书中，我们将针对V-ray渲染器展开详细介绍。

3. 3ds Max的学习要点

3ds Max软件是一款三维软件，相对于常见的Photoshop等平面软件来说，无论是界面还是工具都比较复杂。特别是材质和灯光渲染的设定，都需要使用者有一定的耐心。

要想快速掌握3ds Max，要注意以下几点。

一是要明确学习3ds Max的目的。前文我们说过，3ds Max可以在多个领域中应用。不同的领域中，应用软件的侧重点也不同。我们要先确定学习3ds Max的目的，再进行有重点的学习，避免学习内容过于宽泛，更难以掌握。比如本书重点讲授室内效果图制作的相关内容，适用于想要学习效果图制作的读者学习。

二是要加强对三维空间的理解，有意识训练自己的三维空间能力，熟练掌握视图与物体的位置关系。逐渐在头脑里形成针对三维空间、三维物体的分析方法。按合理的制图流程进行图像的制作。

三是要了解3ds Max的制图原理，明确二维图形和三维图形之间的区别与联系，掌握一定的创建可直接渲染二维图形的方法。掌握基本的3ds Max操作命令，如选择、移动、旋转、缩放、镜像、对齐、阵列、视图工具和好的软件操作习惯。

四是注意不要刻意记忆图形的制作步骤和手段，要着重于理解图像的生成方法，注意琢磨用不同方式制作相同图像时的制图技巧。

五是注意掌握贴图的原理和应用方法，特别是常用的灯光和材质参数，并熟悉二者的关系，加强实际常识的认识和物理知识。

最后，老生常谈的就是要多做多练，不断加强美术方面的修养，多注意观察实际生活中的效果，加强色彩方面的知识等。只有熟练掌握了3ds Max软件的各种命令和工具，才能制作出满意的图像。

二、3ds Max图像制作流程

3ds Max软件在制作不同种类图像时有不同的制作技巧，这里我们以制作室内效果图为例，介绍图像制作流程。

1.导入CAD平面图

为了制作一张尺寸准确的室内效果图，我们通常先在Auto CAD软件中按实际空间尺寸制作一张平面布局图。然后在3ds Max软件中导入DWG格式的CAD图形。参照这个CAD图形，我们可以准确地进行三维实体的创建。

2.创建三维实体

利用CAD图形创建三维实体的技巧很多，具体应用什么方法应根据实际情况具体分析，但是应遵循以下原则。

（1）注意尺度精准、合理

利用CAD图形创建三维实体的目的就是能准确掌握图形尺寸。同时，也可将部分CAD图形作为尺度参考，为具体图像的制作提供空间尺度的标杆。然后利用【捕捉】、【对齐】、【缩放】等工具实现建模的精确化、合理化，使空间内设施符合人体工程学原理。

（2）合理设定绘制对象细节

在创建三维实体过程中，很多使用者都愿意做"完美主义者"，尽力把绘制对象细节处理得比较细腻。而这样会大大延长图像渲染时间。而很多情况下，图像造型在制作时即使在【分段】和【细分】值设定很高，在渲染后和打印出的图像中也难以分辨清楚。所以应在合理范围内尽量减少绘制对象的面数，尽量注意提高工作效率。

操作技巧

在制图过程中，可以隐藏或删除被遮挡的物体和部件，以减少体面数目，加快运算速度。

（3）使用适当的建模方法

我们在三维建模中，同样的绘制对象可以使用多种建模方法。选择的标准应该是要注意考虑在后期操作中是否便于修改。

3.设定渲染器参数

在本书中，我们介绍了3ds Max默认渲染器和V-ray渲染器。并着重讲解了V-ray插件中的V-ray灯光和V-ray材质。要想使V-ray灯光和V-ray材质在渲染中能发挥效用，必须先设定渲染器。我们可以将渲染器参数设定为测试状态，便于效果图的制作。

4.布光和赋予材质

设定V-ray渲染器后，3ds Max自带的默认灯光不能发挥作用，所以我们要根据设计方案，重新创建V-ray灯光，并赋予需要的材质。再根据需要的最终效果反复调试，以达到自己满意的效果。

5.最终渲染和后期处理

全部灯光材质设定完毕后，我们可以将渲染器参数设定为出图状态，渲染高品质图片，然后调入Photoshop，进行后期处理后完成效果图的制作。

三、3ds Max界面

现在，我们正式开启3ds Max软件学习之旅。

鼠标左键双击3ds Max 2012中文版图标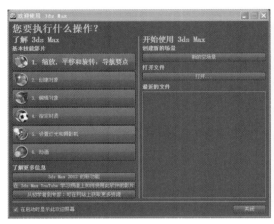，即可打开3ds Max软件，如图1-1所示。在弹出的欢迎屏幕中单击 关闭 按钮，即可开启3ds Max软件界面，如图1-2所示。如果不想在今后每次开启软件都需要关闭此屏幕，可以将左下角 ☑ 在启动时显示此欢迎屏幕 前对号去掉。

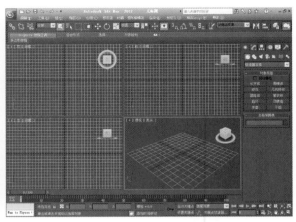

图1-1　3ds Max 2012欢迎屏幕　　　　　　　　　　　图1-2　3ds Max 2012软件界面

1. 3ds Max 2012软件界面介绍

接下来，我们详细介绍3ds Max 2012软件界面的组成，如图1-3所示。

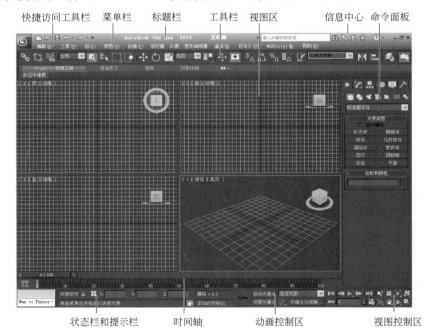

图1-3　3ds Max 2012软件界面的组成

（1）【快捷访问工具栏】

在3ds Max 2012软件界面的左上方我们可以看到【快捷访问工具栏】，如图1-4所示，它提供了3ds max 2012中一些最常用的文件管理命令，如【新建场景】、【打开文件】、【保存文件】等。如果想调整此处的工具按钮，可以单击 ，在弹出的菜单中进行设定。此外还可以单击菜单栏中的 自定义(U)，在下拉菜单中单击 自定义用户界面(C)... ，在弹出的如图1-5所示的【自定义用户界面】对话框中自定义快速访问工具栏的相关工具按钮。

（2）【标题栏】

【标题栏】显示当前所编辑的文件名称及文件版本等相关信息，信息中心右侧的三个按钮分别是窗口【最小化】、【还原/最大化】和【关闭】按钮。单击【关闭】按钮，可以退出 3ds Max 2012 软件，如图1-6所示。

（3）【菜单栏】

【标题栏】下方就是 3ds Max 2012 软件的【菜单栏】，其中包括【编辑】、【工具】、【组】、【视图】、【创建】、【修改器】、【动画】、【图形编辑器】、【渲染】、【自定义】、【MAXScript】和【帮助】菜单。3ds Max 2012 的【菜单栏】与其他常用软件的【菜单栏】相似，其中提供了 3ds Max 2012 中几乎所有操作命令，如图1-7所示。

（4）【工具栏】

【工具栏】位于【菜单栏】的下方，由多个图标和按钮组成，它将命令以图标的方式显示在工具栏中，3ds Max 2012 中的很多命令都可以在【工具栏】上操作。如图1-8所示。

图1-4 【快捷访问工具栏】

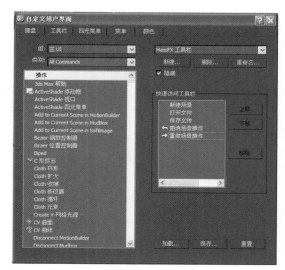

图1-5 【自定义用户界面】

图1-6 【标题栏】

图1-7 【菜单栏】

图1-8 【工具栏】

图1-8中仅显示了【工具栏】中一部分按钮，要想看到【工具栏】上的所有按钮，需要将光标移动到【工具栏】空白处，待光标变成"手"形后，按下鼠标左键向左拖拽，即可显示其余工具。将鼠标放在任意工具按钮上（不要单击），稍后即可显示该按钮的名称。单击某个按钮，即会执行该命令。有的按钮右下角带有一个下拉三角，表示该按钮处为一组按钮，在该按钮上按住鼠标不放，即可弹出其他按钮，选择其中某个按钮，即会执行该命令。具体工具的图标和功能名称见表1-1。

表1-1 【工具栏】中的图标和功能名称

图标	功能名称	图标	功能名称	图标	功能名称	图标	功能名称
	选择并链接		断开当前选择链接		绘制选择区域		交叉选择
	绑定到空间扭曲		选择过滤器		窗口选择		选择并移动
	选择对象		按名称选择		选择并旋转		选择并匀称缩放
	矩形选择区域		圆形选择区域		选择并非匀称缩放		选择并挤压
	围栏选择区域		套索选择区域		参考坐标系		使用轴点中心

续表

图标	功能名称	图标	功能名称	图标	功能名称	图标	功能名称
	使用选择中心		使用变换坐标中心		放置高光		对齐摄影机
	选择并操纵		键盘快捷键覆盖切换		对齐到视图		层管理器
	二维捕捉开关		2.5维捕捉开关		Graphite建模工具		曲线编辑器（打开）
	三维捕捉开关		角度捕捉切换		图解视图（打开）		材质编辑器（材质球）
	百分比捕捉切换		微调器捕捉切换		Slate材质编辑器		渲染设置
	编辑命名选择集		命名选择集		渲染帧窗口		渲染产品
	镜像		对齐		渲染迭代		ActiveShade
	快速对齐		法线对齐				

（5）【命令面板】

与【工具栏】相配合使用完成图像制作的是重要区域是位于3ds Max 2012软件界面右侧的【命令面板】。它是软件的核心工作区。在这一区域中包括了绝大部分的工具和命令，可以用来完成多种类型模型的建立和编辑、动画的设置，以及灯光和摄影机的设定和调整，一些3ds Max插件，如V-ray灯光和V-ray毛发的使用也要通过【命令面板】来完成，见图1-9。

图1-9 【命令面板】

在【命令面板】上有六个按钮，可切换不同的用户界面面板。它们分别是【创建面板】 、【修改面板】 、【层级面板】 、【运动面板】 、【显示面板】 和【实用程序面板】 。

①【创建面板】：用于创建基本物体。【创建面板】是【命令面板】中最复杂、命令层级最多的面板。包含有【几何体】 、【图形】 、【灯光】 、【摄影机】 、【辅助对象】 、【空间扭曲】 、【系统】 七个创建命令，每个命令下的下拉菜单又有数个子命令，每个子命令下又有数个创建按钮，点击不同的创建按钮，会展开不同的卷展栏，通过这些卷展栏，可以对各项参数进行调节和设定。在后面部分会根据需要进行讲解。

②【修改面板】：在绘制对象被选择的状态下，可用于修改对象的名称、颜色、具体参数等，并可利用不同修改器对对象进行编辑。

操作技巧

我们在使用创建绘制对象时，不要先在【创建面板】里修改对象的参数，而应该在创建完成后，进入【修改面板】进行参数的修正。

③【层级面板】：可创建反向运动和产生动画几何体的层级。

④【运动面板】：可将一些参数或轨迹运动控制器赋予一个对象，也可以将一个对象的运动路径改变。

⑤【显示面板】：可以控制软件中任意对象的显示和隐藏。

⑥【实用程序面板】：可以访问一些实用程序。

（6）【视图区】

【工具栏】下方左侧的大部分区域为【视图区】，它是图像制作的主要工作区域，用于创建及观察对象和场景，也被称作"视口"，如图1-10所示。

在默认状态下，界面里是顶视图、前视图、左视图和透视视图。几个视图显示的是同一物体（场景）的不同观察角度，类似在工程制图中的"三视图"。如果三维空间感受较差，就比较难以理解各个视图之间的关系。所以要多观察理解几个视图之间的关系，在进行图形图像创建时一定要结合这几个视图来进行。当然，现实生活中，我们可以多角度观察物体，在3ds Max中，视图也是可以改变的，可以通过单击视图左上角的文字，在弹出的菜单上选择需要的视图，如图1-11所示。也可以通过快捷键把选中的当前视图变为需要的视图，快捷键如表1-2所示。

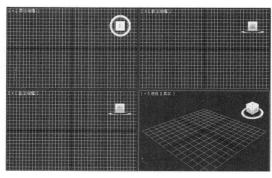

图1-10 【视图区】

图1-11 转换视图

表1-2 转换视图快捷键

快捷键	视图
T	顶视图
B	底视图
L	左视图
F	前视图
P	透视视图
C	摄影机视图
U	用户视图
Shift+$	Spot视图

默认情况下，3ds Max 2012软件在各个视图的右上角都会有一个可旋转的图标，单击它上面的箭头，也同样能达到在各个视图间进行切换。如果要隐藏这个图标，可以在【视图控制区】单击鼠标右键，在弹出的【视口配置】对话框中取消勾选菜单中的【ViewCube】选项卡下【显示ViewCube】选项，如图1-12所示。

当鼠标放在各个视图之间的分界线上时，会变成或上下、或左右或十字形箭头，此时拖拽鼠标，可以调整视图的大小。

如果想在某一视图内进行操作，必须先激活它，使之成为当前工作视图，才能够进行对象的操作及视图的控制。用鼠标左键和右键单击都可以进行视图的切换。

在默认情况下，3ds Max软件为了精确显示对象的大小和位置，在视图中都会显示灰色线条构成的栅格。将鼠标放在激活视图的左上角的标志上，当十字变为黄色，单击鼠标右键，从弹出菜单中单击【显示栅格】选项，即可隐藏栅格，再次单击该选项，可重新显示栅格，如图1-13所示。也可使用快捷键【G】来达到隐藏栅格的目的。

图1-12 隐藏ViewCube

操作技巧

通常建议使用单击鼠标右键的方式来切换视图，这样会使选择的物体还在被选择的状态下，便于下一步操作。

操作技巧

在制图过程中，为了避免误操作和使界面视觉舒适，建议隐藏ViewCube和栅格。

（7）【视图控制区】

【视图控制区】位于整个软件界面的右下角，是控制视图的重要工具组，见图1-14。其中有14个

图1-13　显示和隐藏栅格

图1-14　【视图控制区】

按钮，可以用以调整各个视图，通过拖动鼠标对视图进行放大、缩小或旋转等操作。

操作技巧

如果不是特殊需要，建议旋转视图工具不要在顶视图、前视图和左视图中使用。

【视图控制区】中的工具图标及功能名称如表1-3所示。

表1-3　【视图控制区】中的工具图标及功能名称

图标	功能名称	图标	功能名称	图标	功能名称	图标	功能名称
	缩放		视野		所有视图最大化显示		环绕子对象
	缩放所有视图		平移视图		所有视图最大化显示选定对象		选定的环绕
	最大化显示		穿行		缩放区域		最大化视口切换
	最大化显示选定对象		环绕				

（8）【动画控制区】

【动画控制区】在【视图控制区】左侧，主要用于控制简单动画的制作和播放，见图1-15。由于本书不介绍动画制作的相关内容，此处仅作简要介绍。

图1-15　【动画控制区】

【动画控制区】中的工具图标及功能名称如表1-4所示。

表1-4　【动画控制区】中的工具图标及功能名称

图标	功能名称	图标	功能名称	图标	功能名称	图标	功能名称
	添加一个关键点		播放动画		打开过滤器对话框		时间配置
	打开或关闭自动设置关键点的模式		下一帧		转至开头		关键点模式切换
	打开关键点设置模式		转至结尾		上一帧		

（9）【时间轴】

【时间轴】在【视图区】的下方，它显示当前场景中的时间总长度，默认为100帧。时间轴上方为时间滑块，我们可以用鼠标左右拖动这个滑块来改变当前场景所处的时间位置，如图1-16所示。

单击【时间轴】左侧的按钮，可打开【迷你曲线编辑器】，如图1-17所示，便于对动画的编辑。

图1-16　【时间轴】

图1-17　【迷你曲线编辑器】

（10）【状态栏和提示栏】

时间轴的下方左侧为【状态栏和提示栏】。显示了所选对象的数量，锁定状态，操作提示和鼠标坐标位置等，如图1-18所示。

图1-18 【状态栏和提示栏】

2.自定义个性化界面

在生活中，我们都不希望自己和别人"撞衫"，在使用3ds Max 2012中文版软件时，我们也希望能使用有自己特点的用户界面。让界面设定符合自己的使用习惯还能在一定程度上提升自己的作图效率。接下来，我们就介绍一下如何打造自己的个性化界面。

（1）【加载自定义用户界面】

单击【菜单栏】中的【自定义】按钮，在下拉菜单中单击【加载自定义用户界面方案】，在弹出的【加载自定义用户界面方案】对话框中选择3ds Max 2012中文版安装路径下的UI文件夹，选择自己喜欢的3ds Max预设界面（我们以3ds Max 2009界面为例），单击【打开】按钮，将3ds Max 2012界面设置为3ds Max 2009界面，如图1-19、图1-20、图1-21所示。

图1-19 单击【加载自定义用户界面方案】

> **操作技巧**
>
> 3ds Max2012为大家提供了5个界面进行切换，DefaultUI是默认设置。

图1-20 【加载自定义用户界面方案】对话框

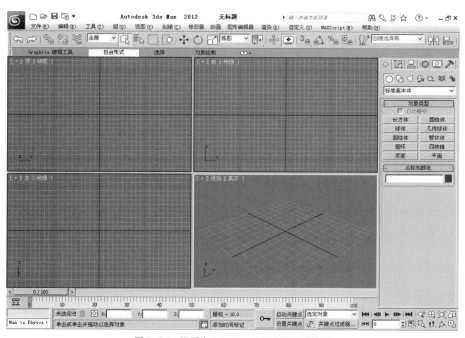

图1-21 设置为3ds Max 2009界面后效果

（2）自定义视图

在任意视图左上角的黄色文字 [+][顶][线框] 上单击鼠标右键，在弹出的菜单上单击【配置...】，见图1-22。在弹出的【视口配置】对话框中切入【布局】选项卡，在中间任意选择一个自己喜欢的视图布局，见图1-23。然后单击【应用】按钮查看效果，满意后单击【确定】按钮，切换视图布局，如图1-24所示。

（3）【自定义用户界面】

单击【菜单栏】中的【自定义】按钮，在下拉菜单中单击【自定义用户界面】，见图1-25。会弹出【自定义用户界面】对话框。通过【自定义用户界面】我们可以根据自己的需求，自定义快捷键、工具栏、右键菜单、菜单栏和界面颜色，见图1-26～图1-30。

图1-22　右键弹出菜单

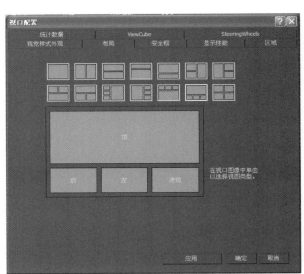

图1-23　【视口配置】对话框

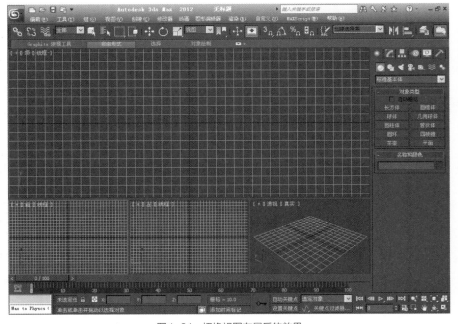

图1-24　切换视图布局后的效果

图1-25　单击【自定义用户界面】

图1-26　自定义快捷键

图1-27　自定义工具栏

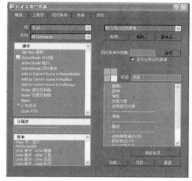

图1-28　自定义右键菜单

图1-29　自定义菜单栏

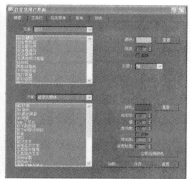

图1-30　自定义界面颜色

3.设置单位

前文我们说过，我们可以通过CAD导入图像开始制作3ds Max图像。在利用CAD制作平面图时，我们一般采用"毫米"作为制图的单位，这也是目前国内室内设计相关行业常用的制图单位。而3ds Max 2012中文版的默认单位并不是"毫米"，这就需要我们对3ds Max 2012中文版进行单位设置。

单击【菜单栏】中的【自定义】按钮，在下拉菜单中单击【单位设置】，见图1-31。会弹出【单位设置】对话框，见图1-32。在【单位设置】对话框中，先单击【系统单位设置】，在弹出的对话框中将【系统单位比例】中的单位设定为"毫米"，然后单击【确定】，关闭对话框，见图1-33。接下来，在【单位设置】对话框中将【显示单位比例】中的【公制】改为"毫米"，同样单击【确定】，关闭对话框，见图1-34。

图1-31　单击
【单位设置】

图1-32　【单位设置】
对话框

图1-33　设定【系统
单位比例】

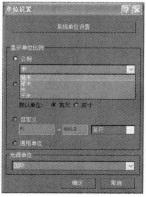

图1-34　设定【显示
单位比例】

操作技巧

在我们设置单位时，也可以根据使用习惯设定单位为"厘米"，这样可以在精确制图时在输入的数值少输入一位。

4. 3ds Max的保存

在我们利用3ds Max 2012中文版作图过程中，需要随时注意保存，下面介绍几种保存图像的方法。

（1）源文件的保存

保存3ds Max源文件有几种方法：

① 保存文件：打开3ds Max 2012中文版自带文件"Studio_scene_share"，单击【快捷访问工具栏】中的【保存文件】按钮，即可实现保存。也可以单击【快捷访问工具栏】左侧按钮上的下拉三角，在弹出的菜单中单击【保存】按钮。

② 另存文件：打开3ds Max 2012中文版自带文件"Studio_scene_share"，单击【快捷访问工具栏】左侧按钮上的下拉三角，在弹出的菜单中单击【另存为】按钮。然后在弹出的【文件另存为】对话框上选择保存的位置，填写文件名称，单击【保存】后保存文件，如图1-35所示。

③ 文件归档：我们正常保存的3ds Max文件，只有在制作图形的电脑上打开才能完整地储存贴图、光域网等文件。如果将文件单独拷贝到其他电脑上，则会因为贴图等文件缺失而无法直接进行编辑。这时我们就需要使用一种特别的文件储存方法，便于文件在不同的电脑上使用。

打开3ds Max 2012中文版自带文件"Studio_scene_share"，单击【快捷访问工具栏】左侧按钮上的下拉三角，在弹出的菜单中单击【另存为】按钮上的侧拉三角，单击【归档】。然后在弹出的【文件归档】对话框上选择保存的位置，填写文件名称，单击【保存】后保存文件，如图1-36所示。

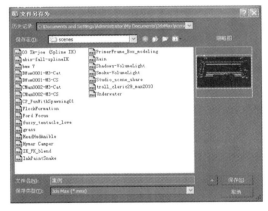

图1-35 【文件另存为】对话框

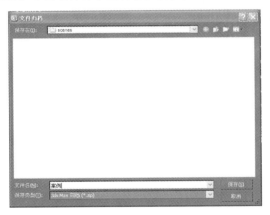

图1-36 【文件归档】对话框

图1-37 渲染窗口

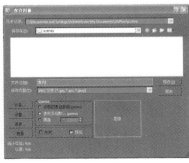

图1-38 【保存图像】对话框

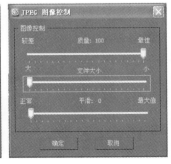

图1-39 【调整图片参数】对话框

（2）图片的保存

在本书中，我们主要讲解效果图的制作。效果图以图片形式存储和使用，接下来我们就来讲解如何保存图片。

打开3ds Max 2012中文版自带文件"Studio_scene_share"，单击【工具栏】上【渲染产品】按钮，渲染图片，出现渲染窗口，等待渲染完成后，窗口如图1-37所示。单击窗口中图片左上角【保存图像】按钮，在弹出的【保存图像】对话框上选择保存的位置，填写文件名称，设定需要的保存格式，如图1-38所示。单击【保存】后在弹出的对话框中调整好图片参数，单击【确定】，保存好图片文件，如图1-39所示。

四、3ds Max 的基本操作

了解了3ds Max 2012的界面设置等基础知识，我们再来了解一下其基本操作。

1.对象的选择

在3ds Max 2012软件中对图形图像等对象进行操作的时候，要遵循"先选择，后操作"的原则，下面我们先介绍一下选择对象的方法。

（1）利用【选择对象】工具进行选择

【选择对象】工具可以用于场景中单个或多个对象进行选择。

① 启动3ds Max 2012中文版，任意创建若干个对象，单击【工具栏】中的工具按钮，使它变为状态，这意味着该工具被激活。

② 在视图中移动光标到某个对象上，当光标变为十字形，并同时以黄色底框显示该对象的名称时，单击鼠标即可选中该对象。被选中对象变为白色，如图1-40所示。

③ 如果我们此刻在视图中用同样办法单击另一个对象，会使新对象被选择，与此同时自动取消对上一个对象的选择。

④ 在工具被激活状态下，按住键盘上的【Ctrl】键，分别单击要选择的对象，可以进行多个对象的选择，如图1-41所示。

⑤ 在视图空白处单击鼠标，可以取消所有对象的选择。

⑥ 如果要从多个已选择对象中取消某个对象的选择，可以在按住【Ctrl】键的同时，再次单击该对象，或按下键盘上的【Alt】键单击该对象。

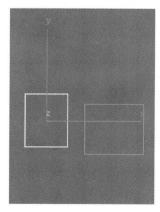

图1-40 选择一个对象效果

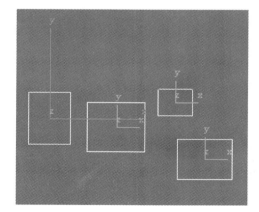

图1-41 选择多个对象效果

（2）利用【区域选择】工具进行选择

【区域选择】工具是【矩形选择区域】工具、【圆形选择区域】工具、【围栏选择区域】工具、【套索选择区域】工具、【绘制选择区域】工具的统称，需要配合【选择对象】工具、【选择并移动】工具、【选择并旋转】工具和【选择并缩放】工具之一一起使用。

① 启动 3ds Max 2012 中文版，任意创建若干个对象。使【选择对象】█️工具、【选择并移动】█️工具、【选择并旋转】⭕工具和【选择并缩放】█️工具之一在被激活状态。

② 在视图中拖动鼠标即可创建选区，如图1-42所示。单击【矩形选择区域】█️工具右下角下拉三角，可以选择其他的区域选择模式，进行选择，如图1-43所示。

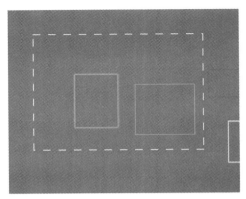

图1-42 【矩形选择区域】效果

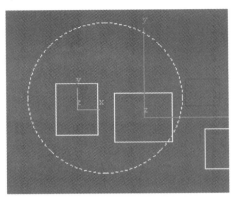

图1-43 【圆形选择区域】效果

（3）利用【按名称选择】█️工具进行选择

在 3ds Max 2012 中，每当我们创建一个对象，系统都会自动为它命名。我们也可以在【修改面板】中为对象按自己需求和习惯重新命名。3ds Max 还提供了按对象名称进行选择的选择办法。利用名称对对象进行选择，让我们能在复杂场景中快捷、准确地选择我们想要操作的对象。

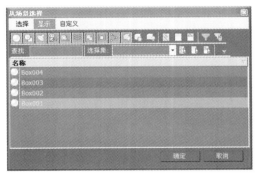

图1-44 【从场景选择】对话框

① 启动 3ds Max 2012 中文版，任意创建若干个对象，单击【工具栏】中的【按名称选择】█️工具按钮，即弹出【从场景选择】对话框，如图1-44所示。

② 在对话框中某个对象名称上单击，待其背景变为蓝色，然后单击对话框右下角的【确定】按钮，即可选中需要选择的对象，并同时关闭对话框。另外，在选择对象上双击鼠标左键，也可达到选择的目的。单击【取消】按钮，也会关闭对话框，但选择无效。退出，则本次选择无效。即可选中该对象。

③ 配合【Ctrl】键可以选择多个对象。如果需要选择的对象多于不需要被选择的对象，也可以先选择不需要被选择的对象，再单击对话框中的【反选】█️按钮，即可选中需要选择的对象。

④ 在【从场景选择】对话框中，我们还可以按创建对象的种类选项选择，在对话框中的 █████████ 图标中，哪个图标变为蓝色，则该种类的对象在对话框中出现，方便我们的选择。

> **操作技巧** 💡
>
> 为了便于使用【按名称选择】█️工具，在我们进行绘图对象的创建时应注意及时命名。

2.将对象【成组】

在 3ds Max 中，为了方便我们同时操作多个对象，提供了将多个对象组合成一个组合的功能。【成组】后的物体在操作时就像在操作一个物体，非常方便快捷，是在场景中组织对象的一种非常好的方法。

（1）【成组】

启动 3ds Max 2012 中文版，任意创建若干个对象。然后将想要【成组】的对象选择，单击【菜单栏】中的【组】 组(G) 按钮，弹出【组】菜单，如图1-45所示。再单击菜单中【成组】命令，在弹出的【组】对话框上为要创建的组命名，单击【确定】按钮，即可将被选择的对象结为一组，如图1-46

所示。

（2）【解组】

选择已【成组】的对象，单击【菜单栏】中的 组(G)，弹出【组】菜单，再单击菜单中【解组】命令，可以解散当前选定的组。也可利用单击菜单中【炸开】命令把当前选中的组以及组内嵌套的组都彻底解开。

图1-45 【组】菜单　图1-46 【组】对话框上进行命名

（3）【打开】/【关闭】组

选择已【成组】的对象，单击【菜单栏】中的 组(G)，在弹出【组】菜单中单击【打开】命令，可以暂时解散打开选定的组，此时在全体组成员外部有一个粉红色的框，框内的对象是原本的组内对象。我们可以对组中的对象进行单独的编辑。当编辑完成，我们使原组内任一对象在被选择状态，单击【菜单栏】中的 组(G)，在弹出【组】菜单中单击【关闭】命令，就可以重新关闭刚刚打开的组，使组恢复正常。

（4）【附加】组对象

如果我们想将一个对象加入已创建好的组中，可以执行以下操作。先在视图中选择想要加入组的对象，单击【菜单栏】中的 组(G)，在弹出【组】菜单中单击【附加】命令，然后在视图中单击想要加入的组中的任一对象，即可将其添加到该组中。

（5）【分离】组对象

如果我们想将组中的一个对象从组中分离，可以执行以下操作。先在视图中选择想要分离对象的组，单击【菜单栏】中的 组(G)，在弹出【组】菜单中单击【打开】命令，将组打开，然后选中其中想要分离出去的对象，再单击【分离】命令，即可以将该对象从组中分离出去。

操作技巧

将自己制作的复杂对象如"沙发""床"等创建成组，并准确命名，有助于对该对象的整体编辑和调用。

3.移动、旋转和缩放对象

（1）移动对象

① 启动3ds Max 2012中文版，任意创建一个对象，单击【工具栏】中的【选择并移动】✛工具按钮，使其变为✛的激活状态，然后选择需要移动的对象，此时，被选对象上出现坐标轴，如图1-47所示。当鼠标放置在坐标轴上，相应的坐标轴便变为黄色，此时即可沿坐标轴所指方向移动。如果想不受约束移动对象，就将鼠标移动到坐标轴交汇处，使交汇处的方形变为黄色后移动即可，如图1-48、图1-49所示。

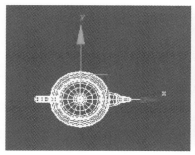

图1-47 【选择并移动】激活后选择对象

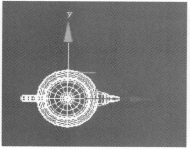

图1-48　鼠标移至Y轴后状态

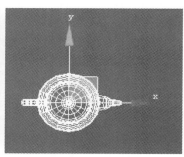

图1-49　鼠标移至坐标轴交汇处后状态

② 在【选择并移动】✛工具上单击鼠标右键，可弹出【移动变换输入】对话框，在对话框中输入数值，可以精准地移动对象，如图1-50所示。

（2）旋转对象

① 启动3ds Max 2012中文版，任意创建一个对象，单击【工具

图1-50 【移动变换输入】对话框

栏】中的【选择并旋转】⟳工具按钮，使其变为⟳的激活状态，然后选择需要旋转的对象，此时，被选对象上出现坐标轴，如图1-51所示。当鼠标放置在坐标轴上，相应的坐标轴便变为黄色，此时即可沿坐标轴所在范围旋转。如果想不受约束移动对象，就将鼠标移动到坐标轴交汇的空白处，使坐标轴无黄色后旋转即可，如图1-52、图1-53所示。

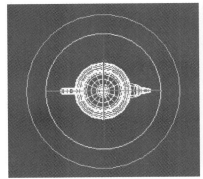

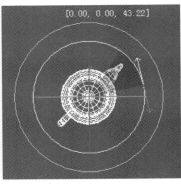

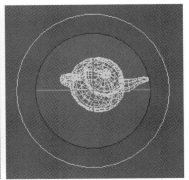

图1-51 【选择并旋转】激活后选择对象　　　　图1-52 沿固定方向旋转　　　　　图1-53 无固定方向旋转

图1-54 【旋转变换输入】对话框

② 在【选择并旋转】⟳工具上单击鼠标右键，可弹出【旋转变换输入】对话框，在对话框中输入数值，可以精准地沿不同轴和方向旋转对象，如图1-54所示。

（3）缩放对象

① 启动3ds Max 2012中文版，任意创建一个对象，单击【工具栏】中的【选择并均匀缩放】⬚工具按钮，使其变为⬚的激活状态，然后选择需要缩放的对象，此时，被选对象上出现坐标轴，如图1-55所示。当鼠标放置在坐标轴上，相应的坐标轴便变为黄色，此时即可沿坐标轴方向进行缩放。如果想沿两个方向同时缩放对象，就将鼠标移动到坐标轴交汇处，使坐标轴全变为黄色后缩放即可，如图1-56、图1-57所示。【选择并非均匀缩放】⬚工具和【选择并挤压】⬚工具也同样使用。

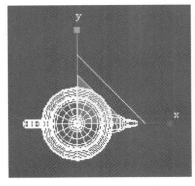

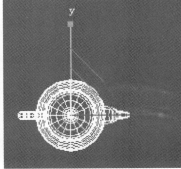

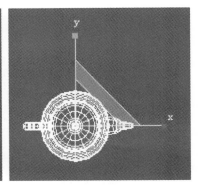

图1-55 【选择并均匀缩放】　　　　　图1-56 沿固定方向缩放　　　　　图1-57 沿固定方向缩放
　　　激活后选择对象

图1-58 右键单击⬚弹出
【缩放变换输入】对话框

② 在【选择并均匀缩放】⬚工具上单击鼠标右键，可弹出【缩放变换输入】对话框，在对话框中输入数值，可以精准地缩放对象，如图1-58所示。当【选择并均匀缩放】⬚工具改变为【选择并非均匀缩放】⬚工具或【选择并挤压】⬚工具也同样可以使用单击右键调出【缩放变换输入】对话框的方法精准缩放，如图1-59所示。

4.复制对象

电脑制图和徒手绘图的最大区别就是前者易于保存和复制。在 3ds Max 中，当我们需要大量使用同样的绘图对象时，也可以利用复制操作，避免一些不必要的重复劳动，提高工作效率。

图1-59 右键单击 或
弹出【缩放变换输入】对话框

（1）利用【克隆】命令进行复制

① 启动 3ds Max 2012 中文版，任意创建一个对象，在此对象被选择状态下，单击【菜单栏】中的【编辑】 按钮，弹出菜单，如图1-60所示。再单击菜单中【克隆】命令，在弹出的【克隆选项】对话框上的【对象】中选择一种克隆方式，在【名称】中为产生的新对象命名，也可以采用系统默认名称。最后单击【确定】按钮，完成对象的复制，如图1-61所示。采用【克隆】命令复制产生的新对象与原对象重叠在一起，需要利用【移动】工具将其移开，才可以看到两个同样的对象。

图1-61 【克隆选项】
对话框

图1-60 【克隆】命令
所在菜单

② 在【克隆选项】对话框上的【对象】中有三种克隆方式，分别是：【复制】、【实例】、【参考】。【复制】选项复制的对象，编辑时对其他对象没有影响；【实例】选项复制的对象，无论编辑复制后对象还是编辑被复制对象，另一个都跟着产生变化；而【参考】选项复制的对象，默认状态下不能进行编辑，只有切换到特定编辑层级才能进行编辑，此时无论编辑复制后对象还是编辑被复制对象，另一个都跟着产生变化。

（2）利用变换工具配合【Shift】键进行复制

① 确定【工具栏】中的【选择并移动】 工具、【选择并旋转】 工具、【选择并均匀缩放】 工具、【选择并非均匀缩放】 工具或【选择并挤压】 工具其中之一处于激活状态，在按下键盘上的【Shift】键的同时，对视图内的对象进行移动、旋转或缩放操作，这时也会弹出一个【克隆选项】对话框，如图1-62所示。这个对话框与利用【克隆】命令进行复制时弹出的【克隆选项】对话框基本相同，只是增加了一个【副本数】数值输入栏，可以输入想要复制的对象个数，单击【确定】按钮后，即可按输入的数值复制产生相应数量的新对象。其他使用方法和利用【克隆】命令进行复制的方法相同。

图1-62 【克隆选项】对话框

② 复制产生的物体位置及形状与选择的变换工具有关，见图1-63～图1-65。

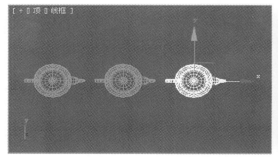

图1-63 利用【选择并移动】 工具进行复制

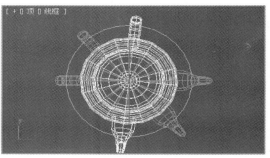

图1-64 利用【选择并旋转】 工具进行复制

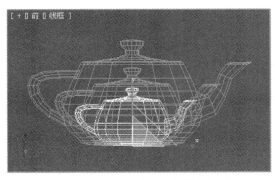

图1-65　利用【选择并均匀缩放】■工具进行复制

5.【阵列】的应用

我们在上文介绍了常用的复制对象的方法，接下来我们介绍一种特别的"复制"方法——【阵列】。【阵列】是以当前选定的对象为蓝本，一次复制产生多个按一定规律排列的复制对象的操作方法。特别适合制作大批量具有一定变化规律的对象，比如楼梯上的栏杆、剧场内的座椅等。

（1）【阵列】的调出

启动3ds Max 2012中文版，任意创建一个对象，在此对象被选择状态下，单击【菜单栏】中的【工具】　工具(T)　按钮，弹出菜单，如图1-66所示。

再单击菜单中【阵列】命令，即可弹出【阵列】对话框，如图1-67所示。在【阵列】对话框中进行相应设置后单击【确定】按钮，完成【阵列】操作。

图1-66　【阵列】命令所在菜单

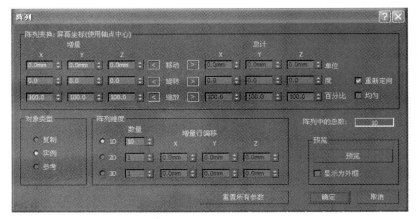

图1-67　【阵列】对话框

（2）【阵列】的具体使用

① 移动【阵列】　启动3ds Max 2012中文版，在【命令面板】下【创建面板】■的【几何体】●，在下拉菜单中选择【标准基本体】，按下【茶壶】按钮，创建一个【茶壶】，参数如图1-68所示。用【移动】工具选择这个茶壶，然后调出【阵列】对话框，在对话框中的【阵列变换：屏幕坐标（使用轴点中心）】栏、【对象类型】栏和【阵列维度】栏按如图1-69所示设置，会制作出5个茶壶沿 X 轴每隔600mm进行【阵列】的效果，如图1-70、图1-71所示。

② 旋转【阵列】　使茶壶被【移动】工具选择，然后调出【阵列】对话框，在对话框中的【阵列变换：屏幕坐标（使用轴点中心）】栏、【对象类型】栏和【阵列维度】栏按如图1-72所示设置，会制作出6个茶壶沿 Z 轴每隔60° 进行【阵列】的效果，如图1-73、图1-74所示。

如果利用【层次面板】，调整对象的坐标轴，可以旋转【阵列】出特别的效果。

利用【选择并移动】■工具选择茶壶，单击【命令面板】下【层次面板】■的【轴】，在面板中【调整轴】栏中单击【仅影响轴】见图1-75，此时在茶壶上出现可移动坐标轴，如图1-76所示。将坐标轴沿 X 轴向右移动到适当位置，如图1-77所示。

此时调出【阵列】对话框，按上文的参数进行【阵列】（在同一文件内，使用【阵列】命令，对话框默认上一次使用参数不变），【阵列】后的效果如图1-78、图1-79所示。

图1-68 【茶壶】参数设置 图1-69 【阵列】对话框参数设置

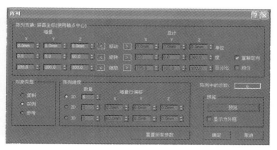

图1-70 【阵列】的效果（顶视图）

图1-71 【阵列】的效果（透视图）

图1-72 【阵列】对话框参数设置

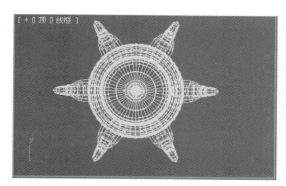

图1-73 【阵列】的效果（顶视图）

图1-74 【阵列】的效果（透视图）

图1-75 【层次面板】

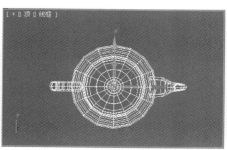

图1-76 出现可移动坐标轴

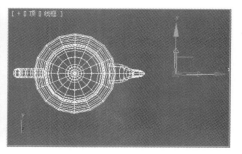

图1-77 移动坐标轴

第一章 3ds Max 基础知识 019

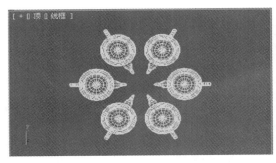

图1-78 【阵列】的效果（顶视图）

图1-79 【阵列】的效果（透视图）

③ 缩放【阵列】 使茶壶被【移动】工具选择，然后调出【阵列】对话框，在对话框中的【阵列变换：屏幕坐标（使用轴点中心）】栏、【对象类型】栏和【阵列维度】栏按如图1-80所示设置，会制作出5个茶壶沿X轴每隔500mm逐渐缩小80%进行【阵列】的效果，如图1-81、图1-82所示。

④ 多维【阵列】【阵列】命令除了可以以线性状态排列之外，还可以排列组合成片、成体，这就是多维【阵列】。

先介绍二维【阵列】，用【移动】工具选择茶壶，然后调出【阵列】对话框，在对话框中的【阵列变换：屏幕坐标（使用轴点中心）】栏、【对象类型】栏和【阵列维度】栏按如图1-83所示设置，会制作出25个茶壶沿X轴和Y轴每隔700mm进行【阵列】的效果，如图1-84、图1-85所示。

接下来介绍三维【阵列】，用【移动】工具选择茶壶，然后调出【阵列】对话框，在对话框中的【阵列变换：屏幕坐标（使用轴点中心）】栏、【对象类型】栏和【阵列维度】栏按如图1-86所示设置，会制作出25个茶壶沿X轴和Y轴每隔700mm进行【阵列】的效果，如图1-87、图1-88所示。

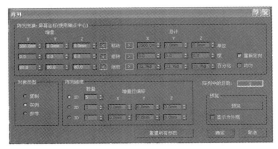

图1-80 【阵列】对话框参数设置

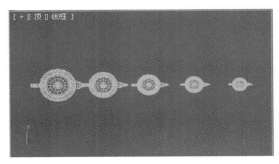

图1-81 【阵列】的效果（顶视图）

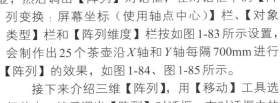

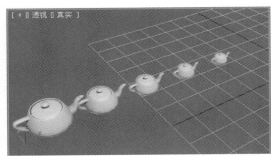

图1-82 【阵列】的效果（透视图）

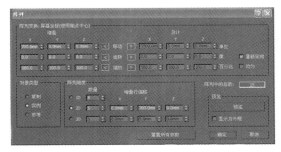

图1-83 【阵列】对话框参数设置

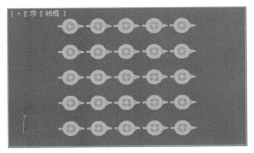

图1-84 【阵列】的效果（顶视图）

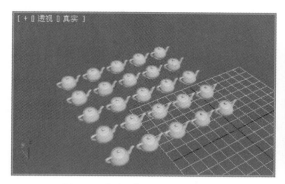

图1-85 【阵列】的效果（透视图）

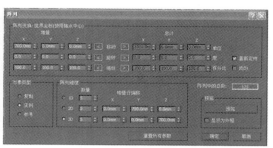

图1-86 【阵列】对话框参数设置

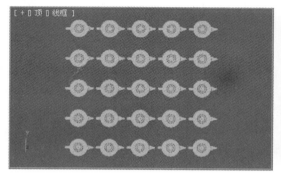

图1-87 【阵列】的效果（顶视图）

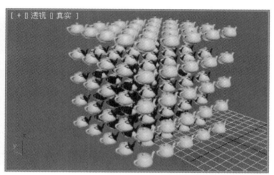

图1-88 【阵列】的效果（透视图）

6.【镜像】对象

学习了【阵列】命令，我们再学习另一种特别的复制方法，这就是沿指定的坐标轴或坐标平面进行对称的复制——【镜像】。

（1）【镜像】的调出

① 启动 3ds Max 2012 中文版，任意创建一个对象，使该对象在被选择的状态，单击【工具栏】中的【镜像】 工具按钮，弹出如图1-89所示的【镜像：屏幕 坐标】对话框，按需求设定参数后，单击【确定】按钮，完成【镜像】操作。

② 启动 3ds Max 2012 中文版，任意创建一个对象，在此对象被选择状态下，单击【菜单栏】中的【工具】按钮，弹出菜单，如图1-90所示。再单击菜单中【镜像】，即可弹出【镜像：屏幕 坐标】对话框，按需求设定参数后，单击【确定】按钮，完成【镜像】操作。

（2）【镜像】的具体使用

在【镜像：屏幕 坐标】对话框中，【镜像轴】就像是一面镜子，选择哪项，就以相应位置作为【镜像】的界限。【克隆当前选择】中的相关选项与【克隆】命令中【对象】栏用法一致。下面简单介绍一下【镜像】的几种用法：

① 普通的沿X轴的无复制【镜像】，见图1-91、图1-92。

图1-89 【镜像：屏幕 坐标】对话框

图1-90 【镜像】所在菜单

② 在距原对象700mm处沿X轴【复制】一个【镜像】对象，见图1-93。

③ 在距原对象700mm处沿Z、X轴【复制】一个【镜像】对象，见图1-94。

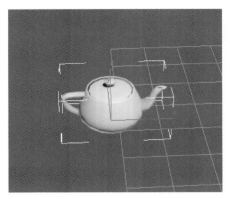
图1-91 【镜像】前状态

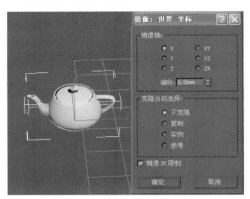
图1-92 效果及参数

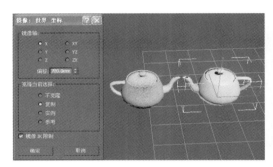
图1-93 效果及参数

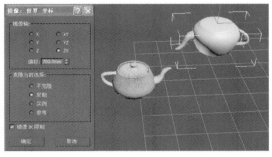
图1-94 效果及参数

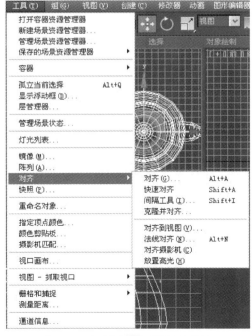
图1-95 【对齐】工具组所在菜单

7.使对象【对齐】

在利用3ds Max制作效果图的过程中，我们会创建很多的对象，为了达到制图精准的目的，3ds Max为我们提供了【对齐】工具辅助制图。

启动3ds Max 2012中文版，在【工具栏】上，可以找到【对齐】工具组，通过单击工具右下角的下拉三角，可以调出其他几种对齐方式：【快速对齐】工具、【法线对齐】工具、【放置高光】工具、【对齐摄影机】工具、【对齐到视图】工具。

也可通过单击【菜单栏】中的【工具】按钮，在弹出的菜单中也可调用该工具组，如图1-95所示。

（1）【对齐】工具

启动3ds Max 2012中文版，任意创建几个对象，使其中一个对象在被选择的状态，单击【工具栏】中的【对齐】工具按钮，然后将鼠标移动到要对齐的对象上单击，弹出【对齐当前选择】对话框，目标对象的名称将显示在该对话框顶部，如图1-96所示。按需求设定参数后，单击【确定】按钮，完成【对齐】操作并关闭对话框。

（2）【快速对齐】■工具

启动 3ds Max 2012 中文版，任意创建几个对象，使其中一个对象在被选择的状态，单击【工具栏】中的【快速对齐】■工具按钮，然后将鼠标移动到要对齐的对象上单击（也可以按下快速对齐的快捷键【Shift】+【A】），此时鼠标光标变为闪电形状，在要对齐的目标对象上单击，可快速将当前选择对象的轴心点与目标对象的轴心点立即对齐，不会弹出【对齐当前选择】对话框。

（3）【法线对齐】■工具

法线是定义面或顶点指向方向的向量。法线对齐主要用于对齐对象表面，多用于表面不规则的物体。这里不多作介绍。

（4）【放置高光】■工具

【放置高光】■工具可以在场景中创建了灯光后，重新定位物体表面的高光点。因与本书讲解的主要内容关系不密切，也不多做介绍。

（5）【对齐摄影机】■工具

启动 3ds Max 2012 中文版，任意创建几个对象及摄影机，使摄影机在被选择的状态，单击【工具栏】中的【对齐摄影机】■工具按钮，然后将鼠标移动到要对齐的对象的表面处单击，摄影机的位置即可以发生相应调整，与所选择面的法线对齐，不会弹出【对齐当前选择】对话框。

（6）【对齐到视图】■工具

启动 3ds Max 2012 中文版，任意创建一个对象，使其在被选择的状态，单击【工具栏】中的【对齐到视图】■工具按钮，此时会弹出【对齐到视图】对话框，如图 1-97 所示。按需求选择相应的坐标轴，在视图中即可看到对齐效果，单击【确定】按钮关闭对话框。

本工具用于当我们在错误的视图中创建了对象后，修改对象的方向。

8.【捕捉开关】的使用

上文中，我们介绍了 3ds Max 2012 中文版中两个对象【对齐】的方法，这种方法适合将创建后的对象进行调整。那么有没有什么工具能在创建对象时给予我们帮助，达到精准化制图的目的呢？【捕捉开关】的使用能帮助我们完成这样的要求。通过对【捕捉开关】进行适当设置，可以将鼠标光标捕捉到指定的位置，在对象创建和修改时帮助精确定位。

（1）【捕捉开关】的激活

启动 3ds Max 2012 中文版，在【工具栏】上，可以找到【捕捉开关】■按钮、【角度捕捉切换】■按钮和【百分比捕捉切换】■按钮，单击上述按钮，使其变为蓝色背景的按钮，就可激活对应的【捕捉开关】。如需要进行二维和 2.5 维空间捕捉，则单击【捕捉开关】■按钮右下角的下拉三角，在弹出的按钮中进行选择即可。

 操作技巧

【捕捉开关】激活使用完毕后，一定注意要关闭开关。

（2）【捕捉开关】的设置

启动 3ds Max 2012 中文版，在【工具栏】上的【捕捉开关】■按钮、【角度捕捉切换】■按钮或【百分比捕捉切换】■按钮上单击鼠标右键，即可弹出【格栅和捕捉设置】对话框如图 1-98 所示，用来设置【捕捉开关】。

也可通过单击【菜单栏】中的【工具】 工具(T) 按钮，在弹出的菜单中选择【格栅和捕捉】下的【格栅和捕捉设置】命令，如图 1-99 所示，也可弹出【格栅和捕捉设置】对话框。

在这个对话框中可以进行捕捉对象、捕捉半径、捕捉角度等设置。可以通过单击对话框中某一个选项卡标签，显示相应对话框选项。如图 1-100、图 1-101 和图 1-102 所示。

图1-96 【对齐当前选择】对话框

① 捕捉对象设置 在上文的图1-98中，我们可以看到【捕捉】选项卡，它可以设置捕捉对象。在选项卡中，可以设置不同的捕捉类型，如图1-103所示。选择不同的类型，可以改变【捕捉】选项卡中的具体内容，如图1-104、图1-105所示。我们可以根据自己的制图需求选择相对应的【捕捉】对象类型，如笔者常用的【捕捉】对象：✚ ☑ 顶点。

② 捕捉精度设置 在上文中图1-100所示的【选项】选项卡中，我们可以设置捕捉时光标显示的大小，还可以设置捕捉的精度、范围等。

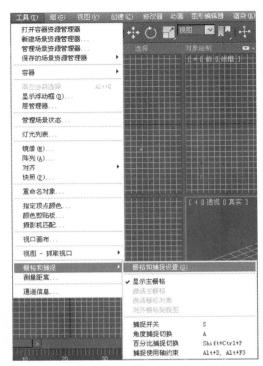

图1-97 【对齐到视图】
对话框

图1-98 【格栅和捕捉设置】
对话框

图1-99 【格栅和捕捉设置】所在菜单

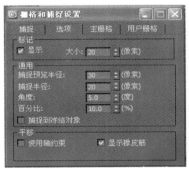

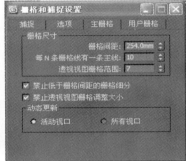

图1-100 【格栅和捕捉设置】
中【选项】选项卡

图1-101 【格栅和捕捉设置】
中【主栅格】选项卡

图1-102 【格栅和捕捉设置】
中【用户栅格】选项卡

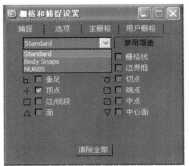

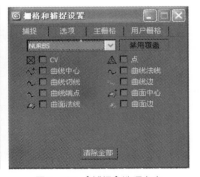

图1-103 【捕捉】选项卡中的
不同选项类型

图1-104 【捕捉】选项卡中
Body Snaps捕捉类型

图1-105 【捕捉】选项卡中
NURBS捕捉类型

③ 主栅格和用户栅格设置　在上文中图1-101、图1-102所示的【主栅格】选项卡和【用户栅格】选项卡中，我们可以对视图中栅格线之间的距离及栅格显示等进行设置，有利于根据视图中的栅格定位对象以及确定对象的大小。

五、常用快捷键

我们在使用 3ds Max 制图时，需要运用许多工具和命令。为了减少鼠标点击次数，提升制图效率，软件设置了很多快捷键供我们使用。下面，我们简要介绍一下 3ds Max 2012 中文版的常用快捷键，这些快捷键并不能涵盖 3ds Max 2012 中文版的全部功能，仅能调用部分常用工具，其具体用法后文中还会详细说明。

1.文件编辑类

【Ctrl】+【N】：新建场景　　　　　　　　　　【Ctrl】+【O】：打开文件

【Ctrl】+【S】：保存文件　　　　　　　　　　【Ctrl】+【Z】：撤销操作

【Ctrl】+【Y】：取消还原操作

2.视图变换类

【Z】：所有视图最大化显示选定对象　　　　　【I】：将视图的中心移到鼠标放的地方

【G】：隐藏或显示删格　　　　　　　　　　　【F】：切换至正视图

【T】：切换至顶视图　　　　　　　　　　　　【L】：切换至左视图

【P】：切换至透视图　　　　　　　　　　　　【C】：切换至摄影机视图

【{】和【}】：微调缩放

滚动【鼠标中键】：缩放当前视图；+【Ctrl】、【Alt】：分别加大减小缩放幅度

按下【鼠标中键】：平移视图

【Shift】+【Z】：还原对视图的操作　　　　　【Shift】+【F】：显示安全框切换

【Shift】+【4】聚光灯/平行光视图　　　　　　【Ctrl】+【R】环绕视图模式

【Ctrl】+【P】平移视图　　　　　　　　　　　【Ctrl】+【X】专家模式切换

【Alt】+【鼠标中键】：旋转视图　　　　　　　【Alt】+【Z】：视图缩放工具

【Alt】+【W】：最大化视口切换　　　　　　　【Ctrl】+【W】：缩放区域模式

【Shift】+【Ctrl】+【Z】：所有视图最大化显示　【Alt】+【Ctrl】+【Z】：最大化显示

3.对象的创建、编辑类

【Q】：选择对象，在选择对象状态下可切换选择区域类型

【W】：选择并移动　　　　　　　　　　　　　【E】：选择并旋转

【R】：选择并缩放　　　　　　　　　　　　　【S】：开启关闭捕捉开关

【A】：角度捕捉切换　　　　　　　　　　　　按住【Ctrl】选择对象：增加选择

按住【Alt】选择对象：减少选择　　　　　　　按住【Shift】移动：克隆

【1】，【2】，【3】，【4】，【5】：切换到物体的子级别　【空格】键：锁定当前选择的物体

【+】、【-】：缩放对象上坐标　　　　　　　　【F9】、【Shift】+【Q】：渲染

【Ctrl】+【Q】：选择类似对象　　　　　　　　【Ctrl】+【I】：反选

【Ctrl】+【A】：全选　　　　　　　　　　　　【Ctrl】+【D】：全部不选

【Alt】+【A】：对齐　　　　　　　　　　　　【Alt】-【N】：法线对齐

【Shift】+【Ctrl】+【P】：百分比捕捉切换　　　【Alt】+【Ctrl】+【B】：背景锁定切换

4.对象观察类

【F3】：线框显示物体　　　　　　　　　　　　【F4】：显示物体边面

【J】：隐藏物体选择框　　　　　　　　　　　【X】：隐藏对象上坐标

【Shift】+【L】：隐藏灯光切换　　　　　　　　【Shift】+【H】：隐藏辅助对象切换

【Shift】+【G】：隐藏几何体切换　　　　　　　【Shift】+【W】：隐藏空间扭曲切换

【Shift】+【P】：隐藏粒子系统切换 　　　　【Shift】+【C】：隐藏摄影机切换

【Shift】+【S】：隐藏图形切换

5. 对话框调出类

【H】：【从场景选择】对话框 　　　　【M】：【材质编辑器】对话框

【8】：【环境和效果】对话框 　　　　【F10】：【渲染设置】对话框

【F12】：【移动变换输入】对话框 　　　　【Ctrl】+【V】【克隆选项】对话框

【Shift】+【I】【间隔工具】对话框 　　　　【Ctrl】+【空格】中英文输入法切换

六、3ds Max 制图及应用注意事项

要想快速、准确、高效地完成效果图制作，仅仅了解软件的命令、工具和基础做法还不够，这里介绍一些应用 3ds Max 软件制图的注意事项。

1. 建模

建模是效果图制作的基础，良好的建模习惯能为后期布设灯光、赋予材质等工作奠定良好的基础，达到事半功倍的效果。

① 在建模前一定要注意按需求设定好系统及显示单位。设定原则是与其他共用软件如 Auto CAD 单位一致。

② 要注意为创建的每一个物体及时命名，创建完物体后马上单击鼠标右键结束创建命令。创建完一组模型后，及时【成组】，并命名。

③ 切换操作视口时养成利用单击右键切换视口的习惯，另外除特殊的修改命令外尽量避免在透视视图进行制图操作。

④ 初学软件时，除了透视视口，尽量不要在其他视口使用环绕视图模式，否则出现用户视口，影响制图操作。

⑤ 应熟记各种快捷键，制图中多用快捷键进行操作。但应注意避免出现中文输入法，否则快捷键失效。

⑥ 添加常用修改器面板按钮，减少调用修改命令的时间。

⑦ 要注意在不影响图面效果的情况下尽量减少对象的分段，省略图面中被遮挡的部分，减少整个模型的块面数，提升渲染效率。

2. 布设灯光

灯光的布设方法会根据每个人的布光习惯不同而有很大的差别，这也是灯光布置难以掌握的原因之一。

① 要注意留黑。切勿将灯光设置过多，过亮，使整个场景曝光过度，缺少层次和变化。

② 灯光的设置要事前规划好，明确每盏灯的照射目标。另外注意明显的灯光效果一定要有灯具模型做支撑，不能只有灯光，没有灯具。

③ 不要滥用排除和衰减。不要过多设置效果微小、可有可无的灯光。

3. 设定摄影机

设定摄影机对于效果图制作有着极为重要的意义，它影响对场景的构建和调整。

① 制作效果图时，建立墙体后，应先设定摄影机，再进行具体建模、布设灯光、赋予材质的工作。

② 要选择适当的摄影机角度，创建合理的透视效果，尽量少选择透视变形较大的角度。

③ 要选择适当的摄影机高度，除特别的角度外，一般要求摄影机高度符合常见的观察高度。

第二章
几何体建模

学习目的

　　学会使用3ds Max 2012中文版软件进行几何体基础建模的方法；熟练使用选择、复制、对齐等工具对对象进行操作；进一步体会三维制图的空间思维方法。

重点难点

　　重点：【标准基本体】和【扩展基本体】的创建和修改。
　　难点：三维空间对象组合思维方法。

第一节 【标准基本体】应用

　　3ds Max 2012中文版软件为我们提供了非常方便使用的【标准基本体】，只需简单的鼠标拖拽即可创建出不同样式的几何体，通过修改其参数，可以改变其形态，是3ds Max建模的基础。

案例1　放茶具的方桌

　　（1）案例技能演练目的
　　通过案例演示，初步了解【长方体】、【圆柱体】、【茶壶】的创建方法，以及基本参数的设定方式。
　　"放茶具的方桌"的效果如图2-1所示。
　　（2）案例技能操作要点
　　① 创建并修改【长方体】、【圆柱体】、【茶壶】。
　　②【克隆】命令的使用技巧。
　　③【对齐】工具的使用技巧。
　　（3）案例操作步骤
　　① 启动3ds Max 2012中文版，将单位设置成毫米，按快捷键【G】取消网格显示。

图2-1　案例"放茶具的方桌"的效果

　　② 鼠标左键单击【命令面板】下【创建】命令，点击【几何体】，在下拉菜单中选择【标准基本体】 标准基本体 ，按下【长方体】 长方体 按钮，在顶视图创建长方体，作为桌面。

③ 单击【命令面板】下【修改】命令，进入【修改面板】，修改长方体的名称、长度、宽度等参数，如图2-2所示。

操作技巧

应该在创建完物体后，为所创建物体进行命名，便于日后按名称进行选择。

④ 在前视图沿 Y 轴复制桌面，如图2-3所示。并修改长方体的长度、宽度为600mm。

⑤ 鼠标左键单击【命令面板】下【创建】命令，点击【几何体】，在下拉菜单中选择【标准基本体】标准基本体，按下【圆柱体】 圆柱体 按钮，在顶视图创建圆柱体，作为桌腿。修改参数如图2-4所示。

⑥ 在前视图中，使桌腿在被选择状态，单击【对齐】工具后单击桌面，在弹出的【对齐当前选择（桌面）】对话框中进行如图2-5所示的设置，单击【确定】后，调整其位置至如图2-6所示位置。

操作技巧

高度分段是为了方便修改圆柱体，如果在后来的修改编辑中用不到分段这个参数选项，则正常设置为1即可。分段数越多，面数就越多，所占用的系统资源就越大。

⑦ 使桌腿在被选择状态，在顶视图以【实例】方式【克隆】桌腿，并调整桌腿至如图2-7所示位置，完成方桌的创建。

⑧ 鼠标左键单击【命令面板】下【创建】命令，点击【几何体】，在下拉菜单中选择【标准基本体】标准基本体，按下【茶壶】 茶壶 按钮，在顶视图创建Teapot001，进入【修改面板】修改参数如图2-8所示。

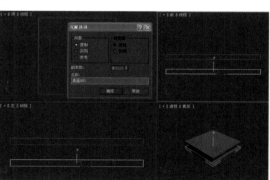

图2-2 长方体
的参数

图2-3 复制桌面状态

图2-4 桌腿
参数

图2-5 【对齐】工具
参数设置

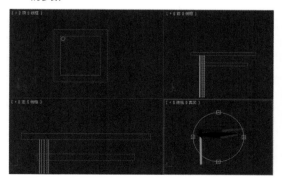
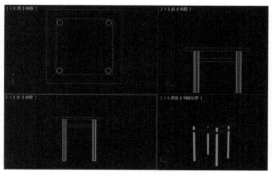

图2-6 桌腿调整的位置

图2-7 【克隆】桌腿并调整后的效果

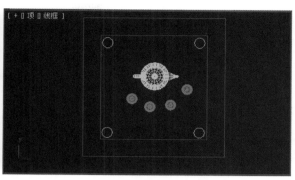

图2-8 茶壶
的参数

图2-9 【对齐】工具
参数设置

图2-10 茶碗
的参数

图2-11 【克隆】茶碗并调整位置

⑨ 使茶壶在被选择状态，单击【对齐】■工具后单击桌面，在弹出的【对齐当前选择（桌面）】对话框中进行如图2-9所示的设置，单击【确定】后完成茶壶的创建。

⑩ 在顶视图继续创建Teapot001，进入【修改面板】修改参数如图2-10所示。按步骤⑨调整其位置，并以【实例】方式【克隆】三个，调整至如图2-11所示位置，完成案例制作。

（4）强化记忆快捷键

新建场景：【Ctrl】+【N】

最大化视口切换：【Alt】+【W】

选择并移动：【W】

打开文件：【Ctrl】+【O】

对齐：【Alt】+【A】

克隆：按住【Shift】移动

案例2 电脑桌

（1）案例技能演练目的

通过案例演示，巩固【长方体】的创建方法，以及基本参数的设定方式。熟练掌握【克隆】命令及【对齐】工具。

"电脑桌"的效果如图2-12所示。

（2）案例技能操作要点

① 创建并修改【长方体】。

②【克隆】及【对齐】工具的使用要点。

③ 利用【捕捉工具】创建图形。

（3）案例操作步骤

① 启动3ds Max 2012中文版，将单位设置成毫米，按快捷键【G】取消网格显示。

图2-12 案例"电脑桌"的效果

② 鼠标左键单击【命令面板】下【创建】■命令，点击【几何体】■，在下拉菜单中选择【标准基本体】标准基本体，按下【长方体】 长方体 按钮，在顶视图创建长方体，作为桌面。

③ 单击【命令面板】下【修改】■命令，进入【修改面板】，修改长方体的名称、长度、宽度等参数，如图2-13所示。

④ 单击界面右下角【视图控制区】■按钮（也可以按下键盘中的【Z】键），将所有视图进行最大化显示。在左视图创建长方体，作为桌腿。使其在被选择状态，进入【修改面板】，修改参数，如图2-14所示。

⑤ 在前视图中，使桌腿在被选择状态，单击【对齐】■工具后单击桌面，在弹出的【对齐当前选择（电脑桌面）】对话框中进行如图2-15所示的设置，单击【确定】后，在顶视图调整其位置至如图2-16所示位置。

图2-13 电脑
桌面参数

图2-14 电脑
桌腿参数

图2-15 【对齐】
工具参数设置

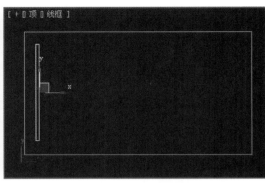
图2-16 桌腿位置

⑥ 使桌腿在被选择状态，在顶视图以【实例】方式【克隆】桌腿，并调整桌腿至如图2-17所示位置。

⑦ 激活【捕捉开关】 工具，设置捕捉对象为【顶点】，在顶视图中如图2-18所示位置创建【长方体】。然后进入【修改面板】修改，修改其名称为"键盘托架"，高度为20，并调整其至如图2-19所示位置。

操作技巧

可以用在预操作视图中单击鼠标右键的方式切换视图，以保证被选择物体仍在被选择状态。

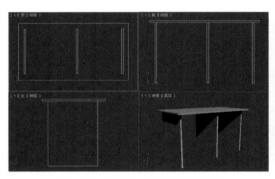
图2-17 【克隆】桌腿并调整后的效果

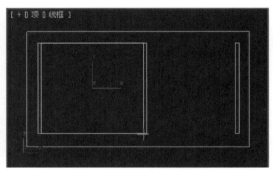
图2-18 创建【长方体】位置

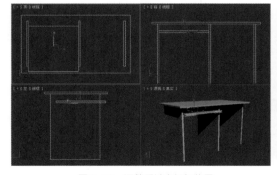
图2-19 调整后键盘托架位置

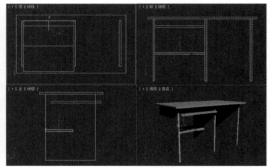
图2-20 调整后隔板位置

⑧ 使键盘托架在被选择状态，在前视图以【复制】方式沿 Y 轴向下【克隆】1个。然后进入【修改面板】修改，修改其名称为"隔板"，长度为300，并调整其至如图2-20所示位置。

⑨ 激活【捕捉开关】 工具，设置捕捉对象为【顶点】，在前视图中如图2-21所示位置创建【长

方体】。然后进入【修改面板】修改，修改其名称为"抽屉面板"，长度200，高度为20，并调整其至如图2-22所示位置。

⑩ 使抽屉面板在被选择状态，在前视图以【实例】方式沿Y轴向下【克隆】2个，如图2-23所示。

⑪ 使键盘托架在被选择状态，在顶视图以【复制】方式沿Y轴向下【克隆】1个。然后进入【修改面板】修改，修改其名称为"键盘托架挡板"，长度为20，高度为40，并调整其至如图2-24所示位置，完成案例制作。

操作技巧

在建模过程中，为了节省计算机资源，加快渲染速度，仅制作可见面即可。

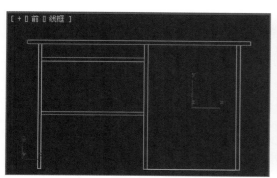

图2-21　创建【长方体】位置

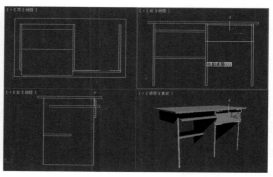

图2-22　调整后抽屉面板位置

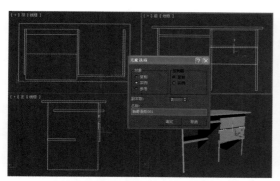

图2-23　【克隆】2个抽屉面板

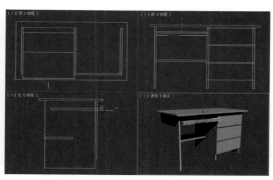

图2-24　调整后键盘托架挡板位置

（4）强化记忆快捷键

新建场景：【Ctrl】+【N】

最大化视口切换：【Alt】+【W】

选择并移动：【W】

打开文件：【Ctrl】+【O】

对齐：【Alt】+【A】

克隆：按住【Shift】移动

案例3　电脑显示器

（1）案例技能演练目的

通过案例演示，了解【管状体】、【球体】的创建方法，以及基本参数的设定方式。熟练掌握【选择并旋转】工具。

"电脑显示器"的效果如图2-25所示。

（2）案例技能操作要点

① 创建并修改【管状体】、【球体】、【长方体】。

图2-25　案例"电脑显示器"的效果

②【选择并旋转】工具的使用要点。

③ 利用【捕捉工具】创建图形。

（3）案例操作步骤

① 启动 3ds Max 2012 中文版，将单位设置成毫米，按快捷键【G】取消网格显示。

② 鼠标左键单击【命令面板】下【创建】▓命令，点击【几何体】◯，在下拉菜单中选择【标准基本体】标准基本体▾，按下【管状体】 管状体 按钮，在前视图中拖动鼠标来创建一个管状体，来作为显示器的外框。

③ 单击【命令面板】下【修改】◢命令，进入【修改面板】，修改【管状体】的参数，如图2-26所示。

④ 使显示器外框在被选择状态，鼠标右键单击【工具栏】中【选择并旋转】◯工具，在弹出的【旋转变换输入】对话框中进行参数调整，如图2-27所示。

⑤ 单击【选择并均匀缩放】▓按钮，在前视图中对Y轴进行缩放，缩放至约16：9的预想状态，如图2-28所示。

⑥ 激活【捕捉开关】▓工具，设置捕捉对象为【顶点】，在前视图中如图2-29所示位置创建【长方体】。然后进入【修改面板】修改，修改其名称为"显示器屏幕"，调整参数为如图2-30所示。

⑦ 在顶视图调整显示器屏幕位置至如图2-31所示位置。

⑧ 鼠标左键单击【命令面板】下【创建】▓命令，点击【几何体】◯，在下拉菜单中选择【标准基本体】标准基本体▾，按下【球体】 球体 按钮，在前视图中拖动鼠标来创建一个球体，来作为显示器的底座。

⑨ 单击【命令面板】下【修改】◢命令，进入【修改面板】，修改【球体】的参数及位置，如图2-32、图2-33所示。

⑩ 在前视图里创建【长方体】，使其在选择状态时进入【修改面板】，修改参数如图2-34所示，调整其位置如图2-35所示。

图2-26 显示器
外框参数

图2-27 旋转显示器外框效果

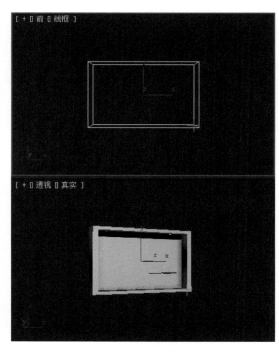

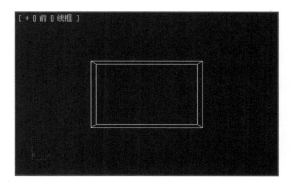

图2-28 【缩放】显示器外框后效果　　　　图2-29 创建【长方体】显示器外框后效果

⑪ 使显示器外框及屏幕在被选择状态，鼠标右键单击【工具栏】中【选择并旋转】◯工具，在弹出的【旋转变换输入】对话框中进行参数调整，如图2-36所示，完成案例制作。

操作技巧

在制作效果图过程中，对于场景中的小物体，可以简要制作大体样式，便于提升渲染速度。

图2-30　调整参数

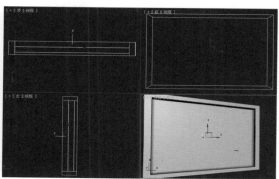

图2-31　调整位置后状态

图2-32　底座
　　　参数设置

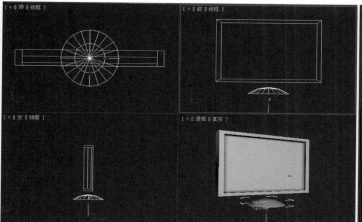

图2-33　调整底座位置后的效果

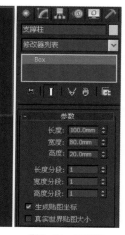

图2-34　支撑柱
　　　参数设置

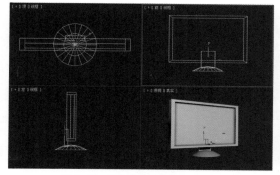

图2-35　调整支撑柱位置后的效果

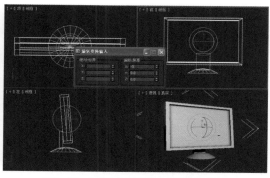

图2-36　旋转显示器外框及屏幕后的效果

（4）强化记忆快捷键

新建场景：【Ctrl】+【N】

最大化视口切换：【Alt】+【W】

选择并移动：【W】

选择并旋转：【E】

打开文件：【Ctrl】+【O】

对齐：【Alt】+【A】

克隆：按住【Shift】移动

案例4 吊灯

（1）案例技能演练目的

通过案例演示，巩固【管状体】、【圆柱体】的创建方法，以及基本参数的设定方式。熟练掌握【选择并均匀缩放】工具。

"吊灯"的效果如图2-37所示。

（2）案例技能操作要点

① 创建并修改【管状体】、【圆柱体】。

② 利用【选择并均匀缩放】工具进行克隆。

（3）案例操作步骤

① 启动3ds Max 2012中文版，将单位设置成毫米，按快捷键【G】取消网格显示。

图2-37 案例"吊灯"的效果

② 鼠标左键单击【命令面板】下【创建】 命令，点击【几何体】 ，在下拉菜单中选择【标准基本体】 标准基本体 ，按下【管状体】 管状体 按钮，在前视图中拖动鼠标来创建一个管状体，来作为吊灯灯罩。

③ 单击【命令面板】下【修改】 命令，进入【修改面板】，修改【管状体】的参数，如图2-38所示。

④ 在前视图沿Y轴向下复制灯罩，修改其参数，如图2-39所示。然后按图2-40调整位置。

⑤ 选择灯罩和装饰边，单击【菜单栏】中的【组】 组(G) 按钮，在弹出的【组】菜单中单击【成组】命令，将要创建的组命名为"外罩"。

⑥ 激活【选择并均匀缩放】 工具，按住【Shift】键的同时在顶视图中对X轴和Y轴同时进行缩放，复制3个外罩，效果如图2-41所示。

⑦ 利用【选择并均匀缩放】 工具，将刚复制的3个外罩，继续进行缩放及位置上的调整，效果如图2-42所示。

⑧ 在顶视图创建两个【圆柱体】作为吊灯吊杆和吊灯底座，参数如图2-43、图2-44所示。

⑨ 调整吊杆和底座的位置，完成案例的制作，如图2-45所示。

> **操作技巧**
>
> 【缩放】工具组在对物体进行缩放时，物体在【修改面板】中的参数不发生改变。

图2-38 灯罩参数   图2-39 装饰边参数

图2-40 调整后装饰边的位置

图2-41　复制外罩

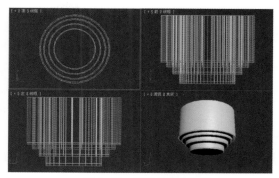

图2-42　继续调整后的效果

图2-43　吊杆参数

图2-44　底座参数

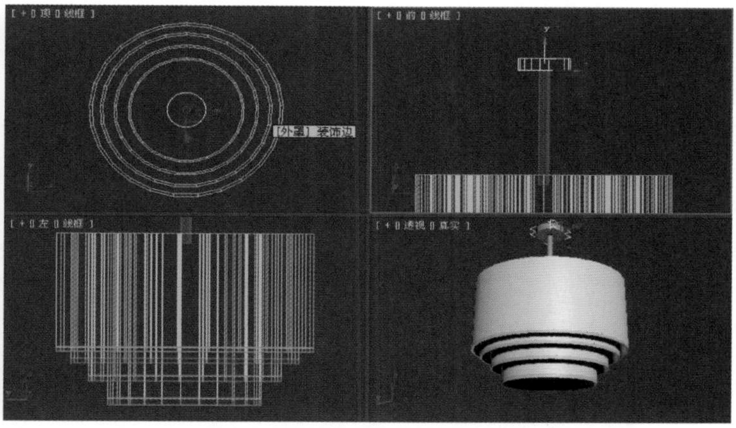

图2-45　调整吊杆和底座位置后的效果

（4）强化记忆快捷键

最大化视口切换：【Alt】+【W】　　　　　选择并移动：【W】

克隆：按住【Shift】移动　　　　　　　　选择并旋转：【E】

第二节　【扩展基本体】应用

上文中，我们利用【标准基本体】创建了简单的模型。但是如果我们想创建更精致、复杂的物体，仅仅依靠【标准基本体】的使用还是不够的，接下来，我们利用【扩展基本体】创建两个相对上文案例复杂一些的模型，当然这仍属于3ds Max建模的基础部分。

案例5　沙发

（1）案例技能演练目的

通过案例演示，学习【切角长方体】、【油罐】的创建方法，以及基本参数的设定方式。进一步巩固【对齐】等工具的使用方法。

"沙发"的效果如图2-46所示。

图2-46　案例"沙发"的效果

（2）案例技能操作要点

① 创建并修改【切角长方体】、【油罐】。

②【克隆】、【对齐】工具的使用。

（3）案例操作步骤

① 启动 3ds Max 2012 中文版，将单位设置成毫米，按快捷键【G】取消网格显示。

② 鼠标左键单击【命令面板】下【创建】 ☀ 命令，点击【几何体】 ◯，在下拉菜单中选择【标准基本体】 扩展基本体 ✓，按下【切角长方体】 切角长方体 按钮，在顶视图中拖动鼠标来创建一个【切角长方体】。

③ 单击【命令面板】下【修改】 ◿ 命令，进入【修改面板】，修改【切角长方体】的参数，如图2-47 所示。

④ 在前视图沿 Y 轴向下复制一个，作为沙发底座，修改其参数【圆角】为10，然后使其与沙发坐垫对齐，如图2-48所示。

⑤ 在左视图中再次单击【切角长方体】 切角长方体 按钮，来创建沙发的一个扶手。参数及位置如图2-49、图2-50所示。

⑥ 在顶视图中单击【切角长方体】 切角长方体 按钮，来创建沙发的一个沙发脚。参数如图2-51所示。在顶视图沿 Y 轴以【实例】形式【克隆】1个沙发脚，调整位置如图2-52所示。

图2-47　沙发坐垫参数

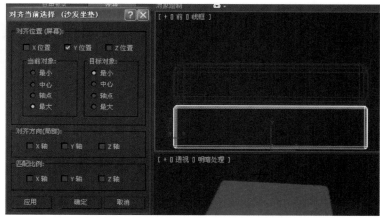

图2-48　对齐效果

图2-49　沙发扶手参数

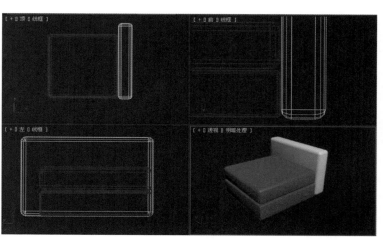

图2-50　沙发扶手位置

图2-51 沙发脚参数

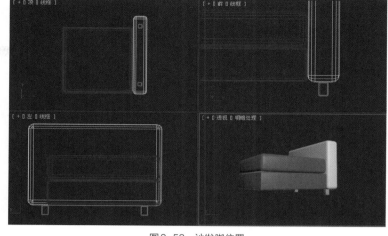

图2-52 沙发脚位置

⑦ 选择沙发扶手和两个沙发脚，单击【菜单栏】中的【组】 组(G) 按钮，在弹出的【组】菜单中单击【成组】命令，将要创建的组命名为"沙发侧边"。然后在顶视图沿X轴以【实例】形式【克隆】1个，放置在对应位置。

⑧ 在前视图中单击【切角长方体】 切角长方体 按钮，来创建沙发的一个背板。参数及位置如图2-53、图2-54所示。

图2-53 背板参数

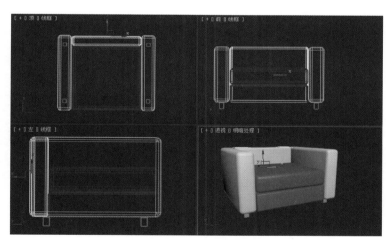

图2-54 背板位置

⑨ 选择背板，然后在顶视图沿Y轴以【复制】形式【克隆】1个。在左视图沿X轴将其进行旋转，放置在如图2-55所示位置。

⑩ 鼠标左键单击【命令面板】下【创建】 ▦ 命令，点击【几何体】 ◉，在下拉菜单中选择【标准基本体】 扩展基本体 ▼，按下【油罐】 油罐 按钮，在左视图中拖动鼠标来创建一个【油罐】作为抱枕，参数及位置效果如图2-56、图2-57所示。完成案例制作。

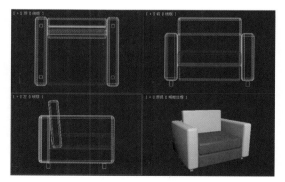

图2-55 复制背板后效果

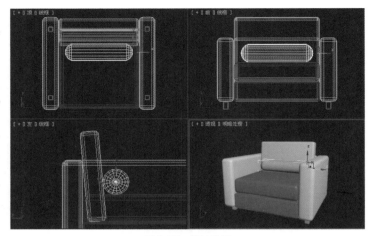

图2-56 抱枕参数　　　　　　　　　　　　图2-57 抱枕位置

（4）强化记忆快捷键

最大化视口切换：【Alt】+【W】　　　　　　选择并移动：【W】

克隆：按住【Shift】移动　　　　　　　　　选择并旋转：【E】

案例6 一组烛台

（1）案例技能演练目的

通过案例演示，学习【软管】、【油罐】的创建方法，以及基本参数的设定方式。进一步巩固【克隆】工具的使用方法。

"一组烛台"的效果如图2-58所示。

（2）案例技能操作要点

① 创建并修改【软管】、【油罐】。

②【克隆】工具的使用。

（3）案例操作步骤

① 启动3ds Max 2012中文版，将单位设置成毫米，按快捷键
【G】取消网格显示。

图2-58 案例"一组烛台"的效果

② 鼠标左键单击【命令面板】下【创建】命令，点击
【几何体】，在下拉菜单中选择【标准基本体】扩展基本体，按下【软管】软管按钮，在顶视图中拖动鼠标来创建一个【软管】，作为烛台。

③ 单击【命令面板】下【修改】命令，进入【修改面板】，修改【软管】的参数，如图2-59、图2-60所示。

④ 选择烛台1，在顶视图以【复制】形式【克隆】1个，修改其参数及位置，如图2-61～图2-63所示。

⑤ 在顶视图中再次单击【软管】软管按钮，创建第三个烛台。参数如图2-64、图2-65所示。

⑥ 在顶视图中选择烛台3，使其沿Z轴进行旋转，位置效果如图2-66所示。

⑦ 鼠标左键单击【命令面板】下【创建】命令，点击【几何体】，在下拉菜单中选择【标准基本体】扩展基本体，按下【油罐】油罐按钮，在顶视图中拖动鼠标来创建一个【油罐】作为蜡烛，参数及位置效果如图2-67、图2-68所示。

⑧ 在顶视图创建【圆柱体】，作为烛芯，调整其参数和位置如图2-69、图2-70所示。

图2-59　烛台1参数1

图2-60　烛台1参数2

图2-61　烛台2参数1

图2-62　烛台2参数2

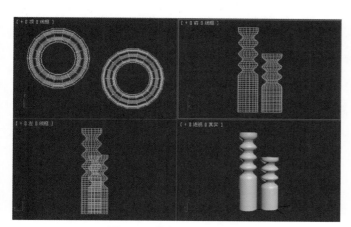

图2-63　烛台2移动位置效果

图2-64　烛台3参数1　图2-65　烛台3参数2

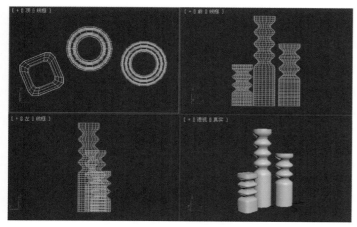

图2-66　烛台3位置效果

图2-67　蜡烛参数

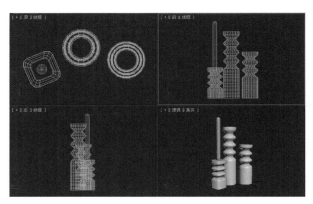

图2-68 蜡烛位置

图2-69 烛芯参数

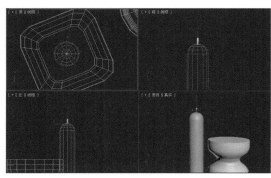

图2-70 烛芯位置

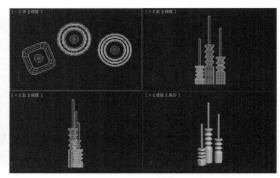

图2-71 蜡烛移动位置

⑨ 选择蜡烛和烛芯，单击【菜单栏】中的【组】 组(G) 按钮，在弹出的【组】菜单中单击【成组】命令，将要创建的组命名为"蜡烛"。然后在顶视图沿X轴以【实例】形式【克隆】2个，放置在如图2-71所示位置，完成案例制作。

（4）强化记忆快捷键

最大化视口切换：【Alt】+【W】　　　　　　　选择并移动：【W】

克隆：按住【Shift】移动　　　　　　　　　　选择并旋转：【E】

平移视图：【Ctrl】+【P】　　　　　　　　　旋转视图：【Alt】+【鼠标中键】

第三节　二维线形的应用

学习了基础的利用几何形体组合的建模方法，我们接下来学习一下利用二维线性进行模型创建的方法。它可以创建出更复杂的造型，本部分将通过两个案例重点讲解二维线形的创建以及编辑、修改的方法。

案例7　铁艺装饰品

（1）案例技能演练目的

通过案例演示，学习【线】、【圆】的创建及相关参数修改方法。巩固【阵列】工具的使用方法。

"铁艺装饰品"的效果如图2-72所示。

（2）案例技能操作要点

① 创建并修改【线】、【圆】。

②【克隆】、【阵列】、【镜像】工具的使用。

③【轴】的位置调整。

（3）案例操作步骤

① 启动3ds Max 2012中文版，将单位设置成毫米，按快捷键【G】取消网格显示。

② 激活前视图，鼠标左键单击界面右下角的【最大化视口切换】按钮，将前视图最大化显示。单击【命令面板】下【创建】命令，点击【图形】，在下拉菜单中选择【样条线】，按下【线】按钮，在前视图中创建一条【线】，造型如图2-73所示。

③ 单击【命令面板】下【修改】命令，进入【修改面板】，修改【线】的参数。先按键盘【1】，激活【顶点】，然后框选全部顶点，单击鼠标右键，将【顶点】模式改为【Bezier】，然后利用【选择并移动】工具，调整【线】的形态，如图2-74所示。

④ 单击【顶点】按钮，关闭【顶点】编辑状态。单击点开【渲染】卷展栏，按如图2-75所示修改【线】的参数，效果如图2-76所示。

⑤ 单击【命令面板】下【创建】命令，点击【图形】，在下拉菜单中选择【样条线】，按下【圆】按钮，在前视图中创建一个【圆】，调整参数和位置如图2-77、图2-78所示。

⑥ 在前视图以【复制】形式【克隆】3个，适当调整其大小和位置，效果如图2-79所示。

⑦ 选择场景中的所有物体，单击【菜单栏】中的【组】按钮，在弹出的【组】菜单中单击【成组】命令，将要创建的组命名为"枝杈"。单击【命令面板】下【层】命令，点击【调整轴】卷展栏中的仅影响轴，沿Y轴向下调整【轴】的位置如图2-80所示。

图2-72　案例"铁艺装饰品"的效果

操作技巧

在修改【点】时，可能会因为轴向锁定而无法修改，可按键盘【F8】解除锁定。

图2-73　初始创建【线】的造型

图2-74　修改【顶点】后的造型

图2-75　【渲染】参数设置

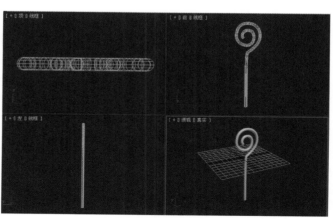

图2-76　设置后效果

图2-77 装饰的参数设置

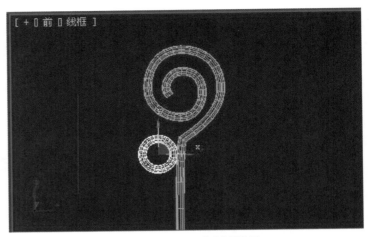

图2-78 装饰圆环移动位置效果

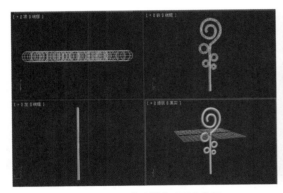

图2-79 复制装饰环后的效果

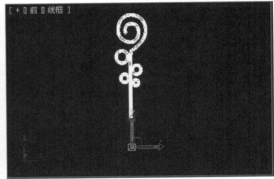

图2-80 调整后的轴位置

⑧ 单击【菜单栏】中的【工具】 工具(T) 按钮，在弹出的菜单中单击【阵列】命令，在弹出的【阵列】对话框中进行如图2-81所示的设置，单击【确定】按钮，完成阵列，效果如图2-82所示。

⑨ 选择场景中的所有物体，单击【菜单栏】中的【组】 组(G) 按钮，在弹出的【组】菜单中单击【成组】命令，将要创建的组命名为"枝权组合"。使其在选择状态下，单击【选择并均匀缩放】 工具，在按住【Shift】键的同时，拖拽鼠标，以【复制】的形式【克隆】1个。单击【镜像】 工具按钮，使新【克隆】出的枝权组合沿X轴【镜像】。随后，激活【选择并旋转】 工具，使其沿Z轴进行旋转。旋转后在顶视图里沿Y轴向下移动至图2-83所示位置。

⑩ 鼠标左键单击【命令面板】下【创建】 命令，点击【几何体】 ，在下拉菜单中选择【标准基本体】 扩展基本体 ，按下【切角圆柱体】 切角圆柱体 按钮，在顶视图中拖动鼠标来创建一个【切角圆柱体】作为装饰镜面，参数及位置效果如图2-84、图2-85所示，完成案例制作。

（4）强化记忆快捷键

最大化视口切换：【Alt】+【W】

选择并移动：【W】

克隆：按住【Shift】移动

选择并旋转：【E】

平移视图：【Ctrl】+【P】

旋转视图：【Alt】+【鼠标中键】

图2-81 【阵列】参数

图2-82 【阵列】后效果

图2-83 调整后图像位置

图2-84 装饰镜面参数

图2-85 装饰镜面位置

案例8 笔筒

（1）案例技能演练目的

通过案例演示，巩固【线】、【管状体】、【圆柱体】的创建及修改方法。达到熟练使用【阵列】工具的目的。

"笔筒"的效果如图2-86所示。

（2）案例技能操作要点

① 创建并修改【线】、【管状体】、【圆柱体】。

②【阵列】工具的使用。

③【轴】的位置调整。

（3）案例操作步骤

① 启动 3ds Max 2012 中文版，将单位设置成毫米，按快捷键【G】取消网格显示。

图2-86 案例"笔筒"的效果

② 激活前视图，鼠标左键单击界面右下角的【最大化视口切换】 按钮，将前视图最大化显示。单击【命令面板】下【创建】 命令，点击【图形】 ，在下拉菜单中选择【样条线】 样条线 ，按下【线】 线 按钮，在前视图中创建一条【线】，如图2-87所示。

③ 单击【命令面板】下【修改】  命令，进入【修改面板】，修改【线】的参数。先按键盘【1】，激活【顶点】 ，然后框选全部顶点，单击鼠标右键，将【顶点】模式改为【Bezier】，然后利用【选择并移动】工具，调整【线】的形态，如图2-88所示。

④ 单击【顶点】 按钮，关闭【顶点】 编辑状态。单击点开【渲染】 ╋ 渲染 卷展栏，按如图2-89所示修改【线】的参数，效果如图2-90所示。

⑤ 单击【命令面板】下【层】 命令，点击【调整轴】卷展栏中的 仅影响轴 ，沿X轴向右调整【轴】的位置如图2-91所示。

⑥ 单击【菜单栏】中的【工具】 工具(T) 按钮，在弹出的菜单中单击【阵列】命令，在弹出的【阵列】对话框中进行如图2-92所示的设置，单击【确定】按钮，完成阵列，效果如图2-93所示。

⑦ 鼠标左键单击【命令面板】下【创建】 命令，点击【几何体】 ，在下拉菜单中选择【标准基本体】 标准基本体 ，按下【管状体】 管状体 按钮，在顶视图中拖动鼠标来创建一个【管状体】调整参数和位置如图2-94、图2-95所示。

⑧ 在顶视图创建【圆柱体】作为底座，调整其参数和位置，效果如图2-96、图2-97所示。完成案例制作。

图2-87 初始创建【线】的造型

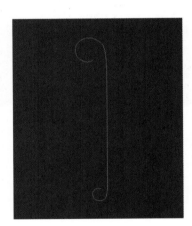

图2-88 修改【顶点】后的造型

图2-89 【渲染】参数设置

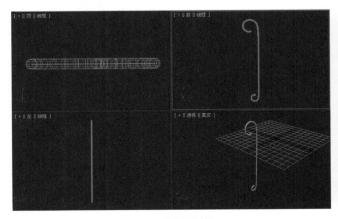

图2-90 设置后效果

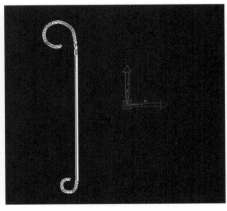

图2-91 调整后的轴位置

图2-92 【阵列】参数

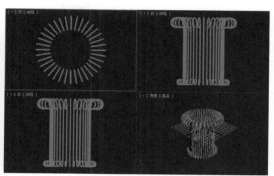

图2-93 【阵列】后效果

图2-94 筒体的参数设置

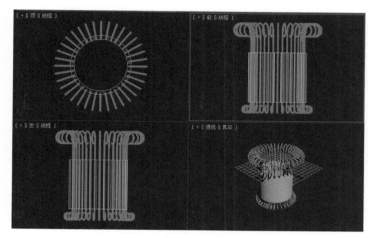

图2-95 筒体移动位置效果

图2-96 底座参数

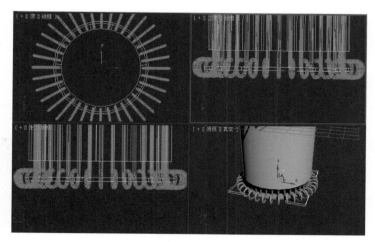

图2-97 底座位置

（4）强化记忆快捷键

最大化视口切换：【Alt】+【W】　　　　　　选择并移动：【W】

选择并旋转：【E】　　　　　　　　　　　　平移视图：【Ctrl】+【P】

旋转视图：【Alt】+【鼠标中键】

第三章
修改命令的应用

学习目的

　　掌握【车削】、【倒角】、【放样】、【编辑样条线】、【编辑多边形】等常用修改命令，并能利用上述修改命令完成较为复杂、真实的物体制作。

重点难点

　　重点：二维线转化为三维实体的修改方法。
　　难点：【编辑多边形】修改命令的实际应用。

第一节　　二维线转三维实体

　　在上一章，我们学习了二维和三维对象的创建。但是那些都基于基本形体的组合，创建的模型不够复杂，真实性也较差。那么如何进一步完善建模的技巧呢？接下来我们介绍通过修改器的使用，使二维线框向三维实体转化的方法。

案例9 【车削】—— 一盘苹果

　　（1）案例技能演练目的
　　通过案例演示，巩固【线】创建及修改方法。能使用【车削】命令将二维线转为三维实体。
　　"一盘苹果"的效果如图3-1所示。
　　（2）案例技能操作要点
　　① 创建并修改【线】。
　　②【克隆】工具的使用。
　　③【车削】命令的使用。

图3-1　案例"一盘苹果"的效果

　　（3）案例操作步骤
　　① 启动3ds Max 2012中文版，将单位设置成毫米，按快捷键【G】取消网格显示。
　　② 激活前视图，鼠标左键单击界面右下角的【最大化视口切换】按钮，将前视图最大化显示。单击【命令面板】下【创建】命令，点击【图形】，在下拉菜单中选择【样条线】样条线，按下【线】 线 按钮，在前视图中创建一条【线】，如图3-2所示。

③ 单击【命令面板】下【修改】 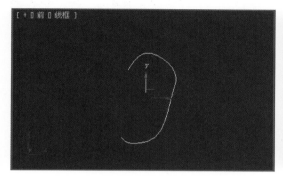 命令，进入【修改面板】，为其命名为"苹果"，修改【线】的参数。先按键盘【1】，激活【顶点】 ，然后利用【选择并移动】工具，调整【线】的形态，如图3-3所示。

④ 使刚创建的【线】在被选择状态，单击【命令面板】下【修改】 命令，进入【修改面板】，在【修改器列表】的下拉菜单 修改器列表 中单击【车削】 车削 命令，调整【参数】卷展栏下【对齐】方式为【最小】，【车削】后效果如图3-4所示。

⑤ 在前视图中再创建一条【线】，作为盘子，大小及形态如图3-5所示。

⑥ 单击【命令面板】下【修改】 命令，进入【修改面板】，为其命名为"盘子"，修改【线】的参数。先按键盘【1】，激活【顶点】 ，然后利用【选择并移动】工具，调整【线】的形态，如图3-6所示。

图3-2　初始创建【线】的造型

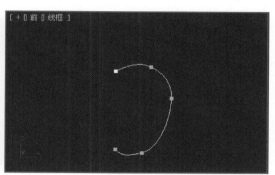

图3-3　修改【顶点】后的造型

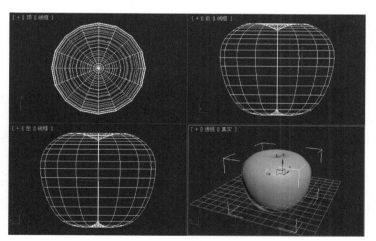

图3-4　【车削】后的效果

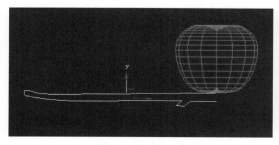

图3-5　初始创建【线】的造型

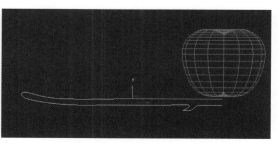

图3-6　调整后【线】的造型

⑦ 使刚创建的盘子在被选择状态，单击【命令面板】下【修改】 ✎ 命令，进入【修改面板】，在【修改器列表】的下拉菜单 修改器列表 ⌄ 中单击【车削】 车削 命令，调整【参数】卷展栏下【分段】值为25，【对齐】方式为【最大】，【车削】后效果如图3-7所示。

⑧ 选择"苹果"，以【复制】的形式【克隆】若干个，利用【选择并移动】 ✛ 工具、【选择并旋转】 ↻ 工具和【选择并均匀缩放】 ◨ 工具调整【克隆】后"苹果"的位置和形态，如图3-8所示，完成案例制作。

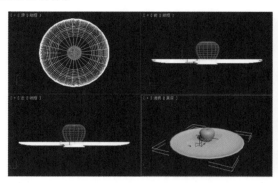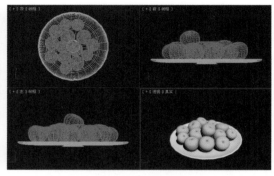

图3-7 【车削】后的造型　　　　　　　　　　图3-8 最终的造型

（4）强化记忆快捷键

最大化视口切换：【Alt】+【W】　　　　　　选择并移动：【W】

选择并旋转：【E】　　　　　　　　　　　　克隆：按住【Shift】移动

平移视图：【Ctrl】+【P】　　　　　　　　旋转视图：【Alt】+【鼠标中键】

案例10 【倒角】——立体字

（1）案例技能演练目的

通过案例演示，掌握【文本】创建及修改方法。能使用【倒角】命令将二维线转为三维实体。

"立体字"的效果如图3-9所示。

（2）案例技能操作要点

① 创建并修改【文本】。

②【倒角】命令的使用。

（3）案例操作步骤

① 启动3ds Max 2012中文版，将单位设置成毫米，按快捷键【G】取消网格显示。

图3-9 案例"立体字"的效果

② 单击【命令面板】下【创建】 ✳ 命令，点击【图形】 ◔ ，在下拉菜单中选择【样条线】 样条线 ⌄ ，按下【文本】 文本 按钮，在前视图中创建一个【文本】。

③ 单击【命令面板】下【修改】 ✎ 命令，进入【修改面板】，为其命名为"艺术字体"，按图3-10所示调整其参数。状态如图3-11所示。

④ 使刚创建的【文本】在被选择状态，单击【命令面板】下【修改】 ✎ 命令，进入【修改面板】，在【修改器列表】的下拉菜单 修改器列表 ⌄ 中单击【倒角】 倒角 命令，调整【倒角值】卷展栏下参数如图3-12所示，使其效果如图3-13所示，完成案例制作。

（4）强化记忆快捷键

平移视图：【Ctrl】+【P】　　　　　　　　旋转视图：【Alt】+【鼠标中键】

图3-10 【文本】参数

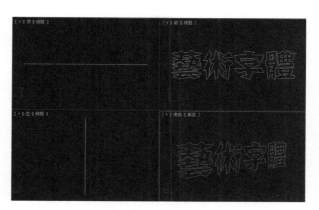

图3-11 字体效果

图3-12 【倒角】参数

图3-13 【倒角】效果

案例11 【编辑样条线】——休闲椅

（1）案例技能演练目的

通过案例演示，掌握【矩形】和【线】创建及修改方法。能使用【编辑样条线】命令对【矩形】进行修改，能利用【倒角】命令将二维线转为三维实体。

"休闲椅"的效果如图3-14所示。

（2）案例技能操作要点

① 创建并修改【圆】和【线】。

②【倒角】命令的使用。

③【克隆】工具的使用。

图3-14 案例"休闲椅"的效果

（3）案例操作步骤

① 启动3ds Max 2012中文版，将单位设置成毫米，按快捷键【G】取消网格显示。

② 单击【命令面板】下【创建】 命令，点击【图形】 ，在下拉菜单中选择【样条线】 样条线 ，按下【矩形】 矩形 按钮，在前视图中创建一个【矩形】。长和宽分别为200和1300。

③ 单击【命令面板】下【修改】 命令，进入【修改面板】，为其命名为"构件"，在【修改器列表】的下拉菜单 修改器列表 中单击【编辑样条线】 编辑样条线 命令，激活【顶点】，单击【几何

体】卷展栏下【优化】 优化 按钮，在如图3-15所示位置添加【顶点】。

④ 选择全部【顶点】，单击鼠标右键，在弹出的菜单中选择【角点】。然后调整其位置如图3-16所示。

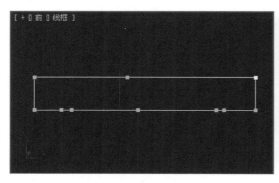

图3-15 添加【顶点】

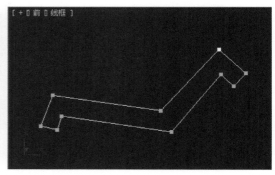

图3-16 调整【顶点】位置

⑤ 分别选择各个【顶点】，单击【几何体】卷展栏下【圆角】 圆角 按钮，在前视图中拖拽鼠标，分别将各个【顶点】变为【圆角】状态，再适当调整其位置，效果如图3-17所示。

⑥ 在【修改器列表】的下拉菜单 修改器列表 ▼ 中单击【倒角】 倒角 命令，调整【倒角值】卷展栏下参数如图3-18所示。

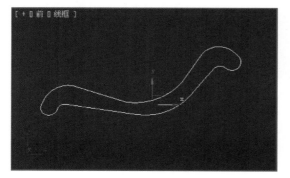

图3-17 设置【圆角】状态

图3-18 【倒角值】参数

⑦ 在前视图中再创建一条【线】，作为椅子扶手，大小及形态如图3-19所示。

⑧ 单击【命令面板】下【修改】 ◢ 命令，进入【修改面板】，为其命名为"扶手"。先按键盘【1】，激活【顶点】 ⋮，然后利用【选择并移动】工具，调整【线】的形态，如图3-20所示。

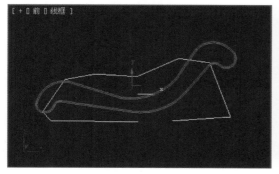

图3-19 初始创建【线】的造型

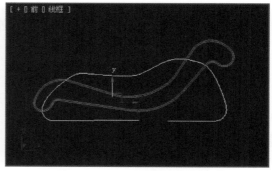

图3-20 调整后【线】的造型

⑨ 单击点开【渲染】  卷展栏，按如图3-21所示修改【线】的参数，效果如图3-22所示。

图3-21 【渲染】参数设置

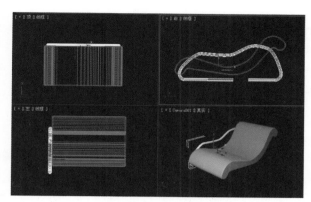

图3-22 设置后效果

⑩ 使扶手在被选择状态，在顶视图中沿Y轴以【实例】形式【克隆】1个扶手，调整至如图3-23所示，完成案例制作。

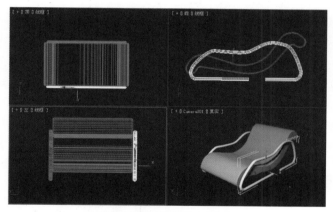

图3-23 【克隆】扶手后效果

（4）强化记忆快捷键

最大化视口切换：【Alt】+【W】　　　　　　选择并移动：【W】

克隆：按住【Shift】移动　　　　　　　　　平移视图：【Ctrl】+【P】

案例12 【放样】——窗帘

（1）案例技能演练目的

通过案例演示，掌握【线】创建方法。能使用【放样】命令将二维线转为三维实体。

"窗帘"的效果如图3-24所示。

（2）案例技能操作要点

① 创建【线】的方法。

②【放样】命令的使用。

③【克隆】、【镜像】工具的使用。

图3-24 案例"窗帘"的效果

（3）案例操作步骤

① 启动3ds Max 2012中文版，将单位设置成毫米，按快捷键【G】取消网格显示。

② 单击【命令面板】下【创建】 ✹ 命令，点击【图形】 ◕ ，在下拉菜单中选择【样条线】 样条线 ▾ ，按下【线】 线 按钮，在顶视图中创建一个【线】，如图3-25所示。

③ 在前视图继续创建一条直的【线】，作为【放样】的路径。

操作技巧 ◡

在绘制【线】的同时按住【Shift】键，即可绘制出直线。

④ 在曲线被选择状况下，单击【命令面板】下【创建】✹命令，点击【几何体】 ◕ ，在下拉菜单中选择【复合对象】 复合对象 ▾ ，按下【放样】 放样 按钮，在弹出的【创建方法】卷展栏中单击【获取路径】 获取路径 按钮后，选择刚刚创建的直线，【放样】后的效果如图3-26所示。

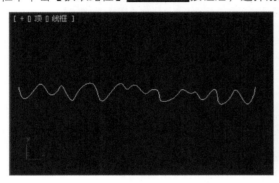

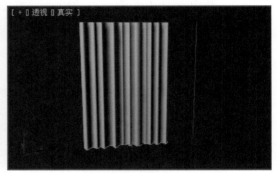

图3-25 【线】的形态　　　　　　　　　　图3-26 【放样】后的效果

⑤ 此时单击【命令面板】下【修改】 ⌒ 命令，进入【修改面板】，单击【变形】卷展栏下的【缩放】 缩放 按钮，弹出【缩放变形（X）】对话框。单击对话框中【插入角点】 ✻ 按钮，在对话框中的线上添加一个角点，在角点上单击鼠标右键，将其转换为【Bezier-角点】 Bezier-角点 形式，然后单击【移动控制点】 ✥ 按钮，调整角点为如图3-27所示效果，使窗帘效果如图3-28所示。

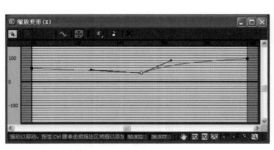

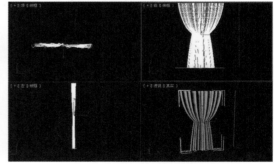

图3-27 调整角点位置示意　　　　　　　图3-28 调整角点后窗帘效果

⑥ 此时单击【修改面板】中【Loft】 ⊞ Loft 前的【+】，单击【图形】 图形 按钮，在调出的【图形命令】卷展栏中单击按钮【左】 左 ，调整窗帘如图3-29所示状态。

操作技巧 ◡

如果【图形命令】卷展栏中的按键都为黑色，无法使用。请框选窗帘下方，将【放样】的图形选中，即可激活相关按钮。

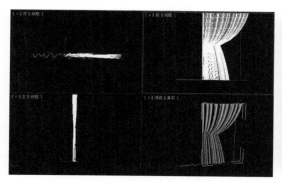

图3-29 调整【图形命令】后效果

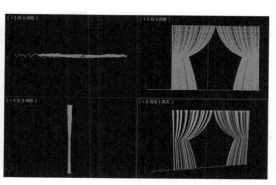

图3-30 【镜像】后效果

⑦ 退出编辑状态，将刚制作的半幅窗帘以【实例】形式【克隆】1个，然后沿 X 轴【镜像】，调整为如图3-30所示位置。

⑧ 举一反三，再制作一个【放样】图形作为纱帘，完成案例制作。如图3-31所示位置。

（4）强化记忆快捷键

最大化视口切换：【Alt】+【W】

选择并移动：【W】

克隆：按住【Shift】移动

平移视图：【Ctrl】+【P】

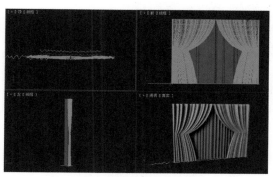

图3-31 添加纱帘后效果

案例13 【放样】——装饰画

（1）案例技能演练目的

通过案例演示，掌握【线】创建方法。能使用【放样】命令将二维线转为三维实体。

"装饰画"的效果如图3-32所示。

（2）案例技能操作要点

① 创建【线】的方法。

②【放样】命令的使用。

③【镜像】工具的使用。

（3）案例操作步骤

① 启动3ds Max 2012中文版，将单位设置成毫米，按快捷键【G】取消网格显示。

图3-32 案例"装饰画"的效果

② 单击【命令面板】下【创建】 命令，点击【图形】 ，在下拉菜单中选择【样条线】 样条线 ，按下【线】 线 按钮，在左视图中创建一条如图3-33所示的【线】，创建完毕后，在弹出的如图3-34所示的【样条线】对话框中单击【是】按钮。

③ 单击【命令面板】下【修改】 命令，进入【修改面板】，为其命名为"图形"。先按键盘【1】，激活【顶点】 ，然后利用【选择并移动】工具，调整部分【顶点】的位置，设置其【切角】 切角 参数为2，效果如图3-35所示。

④ 在前视图创建一个【椭圆】，作为【放样】的路径，为其命名为"椭圆框"，参数如图3-36所示。

⑤ 在"椭圆框"被选择状况下，单击【命令面板】下【创建】 命令，点击【几何体】 ，在

下拉菜单中选择【复合对象】 复合对象 ▼，按下【放样】 放样 按钮，在弹出的【创建方法】卷展栏中单击【获取图形】 获取图形 按钮后，选择刚创建的"图形"，进行【放样】。【放样】后，单击【工具栏】中【镜像】 工具，沿Z轴进行【镜像】，效果如图3-37所示。

⑥ 在左视图创建一条小直线作为"路径"。选择"椭圆框"，以刚创建的小直线作为"路径"，再一次进行【放样】，此时单击【命令面板】下【修改】 命令，进入【修改面板】，修改其【路径参数】 路径步数: 0 为0，创建出装饰画背板。调整其位置到如图3-38所示位置，完成案例制作。

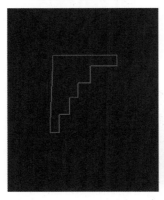

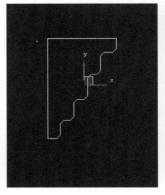

图3-33 【线】的形态效果　　图3-34 【样条线】对话框　　图3-35 修改后【线】的形态效果　图3-36 "椭圆框"参数

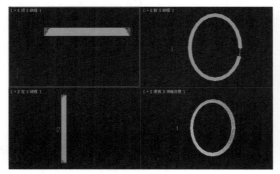
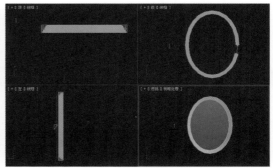

图3-37 画框的效果　　　　　　　图3-38 装饰画背板位置效果

操作技巧

减少【路径参数】可以有效减少图像中的面，加快渲染速度。

（4）强化记忆快捷键

最大化视口切换：【Alt】+【W】　　　　　　选择并移动：【W】

平移视图：【Ctrl】+【P】　　　　　　　　旋转视图：【Alt】+【鼠标中键】

案例14 【多节面放样】——蒙桌布的圆桌

（1）案例技能演练目的

通过案例演示，初步了解【圆形】、【星形】、【圆桌】、【桌布】的创建方法及基本参数的设定方式。掌握多节面放样的使用方法。

"蒙桌布的圆桌"的效果如图3-39所示。

（2）案例技能操作要点

① 创建并修改【圆形】、【星形】、【圆桌】、【桌布】。

② 以路径的方式进行【放样】。

③【放样】命令的使用。

（3）案例操作步骤

① 启动 3ds Max 2012 中文版，将单位设置成毫米。

② 首先进入二维图形创建面板，创建二维图形。打开二维图形创建面板，依次单击【创建】、【图形】按钮，然后单击下方的【圆】按钮，在顶视图创建一圆形，半径为 980mm，如图 3-40 所示。参数设置如图 3-41 所示。

图3-39 "蒙桌布的圆桌"的效果

③ 在顶视图创建【星形】，如图 3-42 所示。参数设置如图 3-43 所示。

④ 单击主工具栏【选择并移动】按钮将星形向上拖拽分开它们的距离，如图 3-44 所示。

⑤ 依次单击【创建】、【图形】按钮，进入二维曲线创建面板，在前视图中创建一条直线，作为生成模型的放样路径，如图 3-45 所示。

⑥ 选择直线路径。进入【复合对象】创建面板，单击【放样】按钮，如图 3-46 所示。在创建方法卷展栏下，单击【获取路径】按钮，如图 3-47 所示。

⑦ 单击视图中的星形，这样星形就生成了三维模型，如图 3-48 所示。

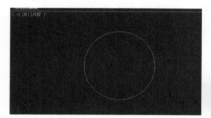

图3-40 创建

图3-41 设置参数

图3-42 创建星形

图3-43 设置参数

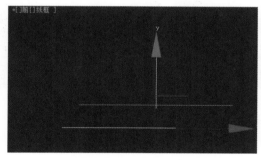

图3-44 拖拽星形

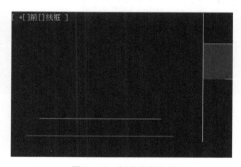

图3-45 创建放样路径

图3-46 复合对象

图3-47 获取路径

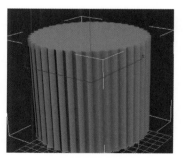

图3-48 放样结果

⑧ 把【路径】设置到"85",选择【获取图形】,再次单击视前图中的圆形,如图3-49所示。效果如图3-50所示。模型产生了第二次变化,形成了桌布的效果。

⑨ 在前视图中,用线形工具绘制一个圆桌的截面图形。依次单击【创建】■、【图形】■按钮,然后单击下方的【线】按钮,利用鼠标在视图中创建一个圆桌的剖面图形,并在【修改面板】中对剖面图形的顶点进行圆角处理。如图3-51所示。

⑩ 选择绘制的圆桌剖面图形,在修改器列表中选择车削修改器,在弹出的下拉菜单中选择【车削】命令,车削出圆桌。如图3-52所示。

⑪ 在视图中调整桌布与圆桌的位置,如图3-53所示。调整至如图3-54所示的效果即可。

操作技巧

图形效果决定了放样后的物体模型效果。

操作技巧

车削出想要得到的模型,关键是车削级别中的轴。

图3-49 修改参数

图3-50 桌布效果

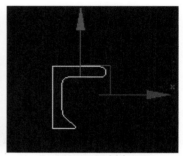

图3-51 绘制截面模型

图3-52 圆桌效果

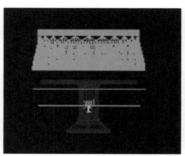

图3-53 调整位置

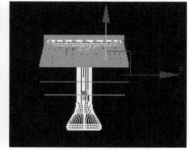

图3-54 效果

（4）强化记忆快捷键

选择并移动:【W】　　　　　　　　　　　　　克隆:按住【Shift】移动

最大化视图显示:【Z】

案例15 【挤出】——墙体和天花板

（1）案例技能演练目的

通过案例演示,初步了解由长方形图形转变为墙体和天花板的创建方法,以及基本参数的设定方式。掌握【挤出】命令的使用技巧。

"墙体和天花板"的效果如图3-55所示。

（2）案例技能操作要点

① 创建并修改【矩形】。

② 使用【轮廓】命令的技巧。

③ 使用【挤出】命令的技巧。

④ 使用【捕捉】开关，设置为顶点捕捉，创建天花板。

（3）案例操作步骤

① 启动3ds Max 2012中文版，将单位设置成毫米。

② 进入【创建面板】，依次单击【创建】 、【图形】 按钮，在下拉菜单中选择【样条线】类型，然后单击下方的【矩形】按钮，在顶视图中创建一个矩形，如图3-56所示。参数设置如图3-57所示。

③ 在菜单栏中单击【修改器】，在下拉菜单中选择【面片/样条线编辑】、【编辑样条线】命令，在【修改器】 面板中选择【样条线】级别，单击【轮廓】按钮，输入轮廓值为100mm，如图3-58所示。效果如图3-59所示。

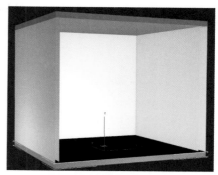

图3-55 "墙体和天花板"的效果

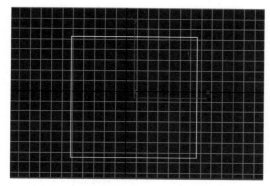

图3-56 创建矩形

图3-57 修改参数

图3-58 设置参数

操作技巧

轮廓值为正值时是向原图形内部产生新的图形，轮廓值为负值时是向原图形外部产生新的图形。

④ 在菜单栏中选择【修改器】，在下拉菜单中选择【网格编辑】的【挤出】命令，在【修改器】面板【挤出】 挤出 级别下，参数设置如图3-60所示。产生墙体效果如图3-61所示。

⑤ 工具栏中鼠标右键单击【捕捉】 按钮，弹出【栅格和捕捉设置】对话框，将捕捉点设为顶点，如图3-62所示。

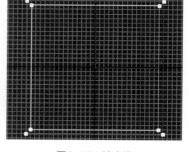

图3-59 轮廓线

图3-60 设置参数

图3-61 效果

图3-62 捕捉设置

操作技巧

捕捉制图时要选择好绘图的视图区域。

⑥ 依次单击【创建面板】下【创建】 、【图形】 按钮，在下拉菜单中选择【样条线】 样条线 ，单击【矩形】按钮，在顶视图中将鼠标指针移动到外围的矩形某一顶点处，按下鼠标左键不要放手，开始拖动鼠标至矩形对角的顶点处松开鼠标左键，创建矩形。

⑦ 在菜单栏中选择【修改器】，在下拉菜单中选择【网格编辑】的【挤出】命令，在【修改器】面板【挤出】 挤出 级别下设置挤出数量为100mm，参数设置如图3-63所示。即完成天花板的创建，效果如图3-64所示。

图3-63 设置参数

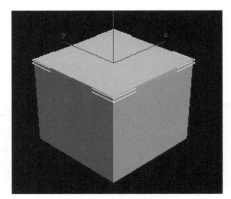

图3-64 创建天花板

⑧ 利用【选择并移动工具】+【Shift】的复制方式，复制出地板，如图3-65所示。效果如图3-66所示。

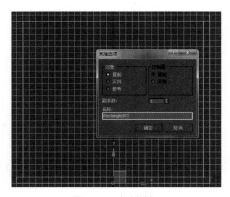

图3-65 复制地板

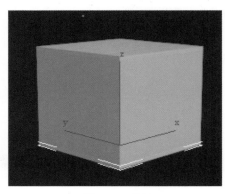

图3-66 效果

（4）强化记忆快捷键

捕捉开关：【S】   选择并移动：【W】

克隆：按住【Shift】移动   最大化视图显示：【Z】

第二节　三维物体修改

为了更快速、有效地对三维物体进行修改，我们下面学习一些常用的三维修改命令。通过这些命令，我们可以将一些简单、基础的三维实体修改成更精致、更真实的模型。

案例16 【弯曲】—— 装饰吊灯

（1）案例技能演练目的

通过案例演示，初步了解【球体】、【灯】的创建方法及基本参数的设定方式。掌握【弯曲】、【阵列】修改器的功能及使用方法。

"装饰吊灯"的效果如图3-67所示。

（2）案例技能操作要点

① 创建并修改【球体】、【线】、【灯】。

② 【弯曲】、【车削】、【壳】及【阵列】命令的基本使用。

（3）案例操作步骤

① 启动3ds Max 2012中文版，将单位设置成毫米。

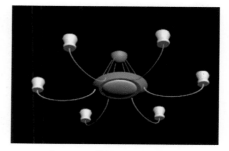

图3-67 "装饰吊灯"的效果

② 依次单击【创建】 、【几何体】 按钮，选择【球体】按钮，在顶视图创建一个半球体，如图3-68所示。单击工具栏中【镜像】 按钮，在前视图中将半球体以Y轴为镜像轴进行镜像，如图3-69所示。调整模型色彩为金色。

③ 进入【创建面板】，再次在顶视图中创建一个球体，如图3-70所示。并与半球体通过【对齐】 命令以中心点对中心点的方式对齐，如图3-71所示。

④ 调整球体与半球的垂直位置，如图3-72所示。在前视图，单击工具栏【选择并均匀缩放】 按钮对球体以Y轴为缩放方向向下进行压缩，如图3-73所示。

操作技巧

使用【均匀压缩】工具时，以不同的轴为压缩方向时，可以压缩出不同形状的物体。

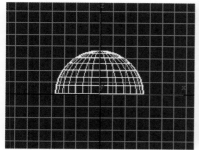

图3-68 创建半球

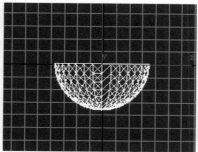

图3-69 镜像

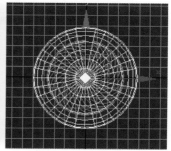

图3-70 创建球体

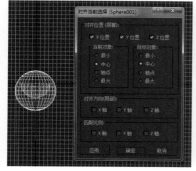

图3-71 对齐

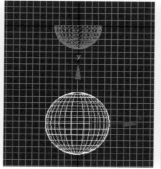

图3-72 调整位置

图3-73 压缩球体

⑤ 依次单击【创建】 、【图形】 按钮，然后单击下方的【线】按钮，利用线工具创建一闭合图形，如图3-74所示。将图形转换为可编辑样条线，在【修改面板】中选择顶点级别对所选择的点进行圆角处理，如图3-75所示。

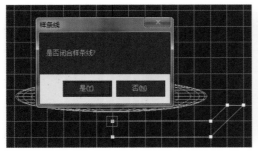

图3-74 创建闭合图形　　　　　　　　　　　　　　　图3-75 选择点

⑥ 选中闭合图形，在菜单栏修改器列表中选择【面片/样条线编辑】，在弹出的下拉菜单中选择【车削】命令，效果如图3-76所示。并调整球体、半球体、灯盘的各自位置，效果如图3-77所示。

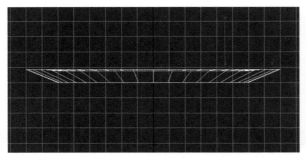

图3-76 车削效果　　　　　　　　　　　　　　　　　图3-77 效果

⑦ 依次单击【创建】 、【图形】 按钮，然后单击下方的【线】按钮，利用线工具在前视图制作一条线段。单击菜单栏【修改器】，在下拉菜单中选择【面片/样条线编辑】、【可渲染样条线修改器】命令，如图3-78所示。参数设置如图3-79所示。线段加粗效果如图3-80所示。

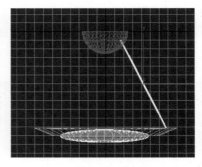

图3-78 可渲染样条线修改器　　　图3-79 设置参数　　　　图3-80 效果

⑧ 在左视图中创建一个圆柱体，如图3-81所示。参数设置如图3-82所示。

⑨ 将圆柱体转换为可编辑多边形，单击菜单栏【修改器】，在下拉菜单中选择【参数化变形器】、【弯曲】命令，如图3-83所示。将圆柱体弯曲中心点调整到物体中心处，如图3-84所示。

⑩ 弯曲命令参数设置如图3-85所示。弯曲效果如图3-86所示。

⑪ 在顶视图中创建一圆柱体，如图3-87所示。参数设置如图3-88所示。并调整形状如图3-89所示。

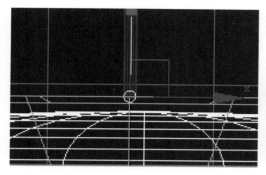

图3-81　创建圆柱体

图3-82　设置参数

图3-83　弯曲命令

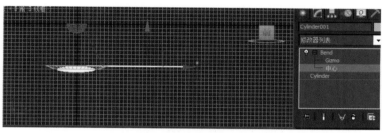

图3-84　调整中心

图3-85　修改参数

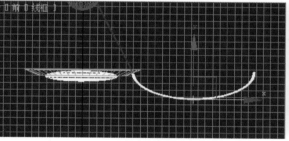

图3-86　效果

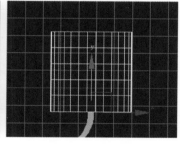

图3-87　创建圆柱体

图3-88　设置参数

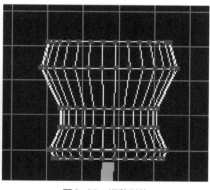

图3-89　调整形状

操作技巧

高度分段数决定了物体横截面调整量，边数值决定了物体的形状。

⑫ 选择多边形级别，将灯头的上端面删除，效果如图3-90所示。给灯头加以【壳】命令，使灯头产生厚度，效果如图3-91所示。将灯头与灯臂同时选中，单击菜单栏【组】，在下拉菜单中选择【成组】命令，打开【组】对话框，组名命名为"1"，如图3-92所示。

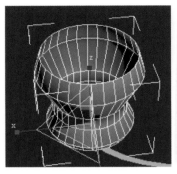

图3-90 删除后效果

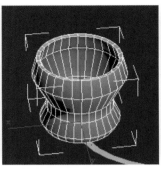

图3-91 加厚效果

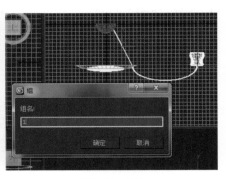

图3-92 成组

⑬ 单击【创建面板】下的【层次】 按钮，在【层次面板】中单击【仅影响轴】按钮，如图3-93所示。将【组1】的中心轴调整到灯盘垂直中心位置，效果如图3-94所示。

⑭ 单击菜单栏【工具】，在下拉菜单中选择【阵列】命令，如图3-95所示。打开【阵列】对话框，参数设置如图3-96所示。则得到最终装饰吊灯效果。

> **操作技巧**
>
> 【壳】命令中的内部量是向物体内部增加厚度，外部量是向物体外部增加厚度。

图3-93 层次面板

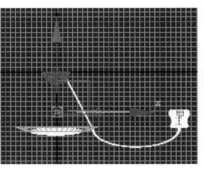

图3-94 效果

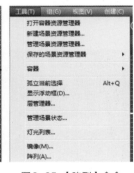

图3-95 【阵列】命令

> **操作技巧**
>
> 旋转阵列时，可以先输入数量值，由【阵列】工具计算角度值。

（4）强化记忆快捷键

选择并移动：【W】

最大化视图显示：【Z】

最大化视口切换：【Alt】+【W】

选择并移动：【W】

选择并旋转：【E】

平移视图：【Ctrl】+【P】

旋转视图：【Alt】+【鼠标中键】

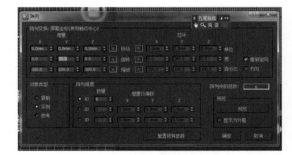

图3-96 设置参数

案例17 【晶格】——公园大门

（1）案例技能演练目的

通过案例演示，初步了解【平面】、【长方体】的创建方法及基本参数的设定方式，掌握【晶格】修改器的使用方法。

"公园大门"的效果如图3-97所示。

（2）案例技能操作要点

①创建并修改【平面】、【长方体】、【门柱灯】。

②【晶格】、【车削】、【复制】命令的使用技巧。

（3）案例操作步骤

①启动3ds Max 2012中文版，将单位设置成毫米。

②进入【创建面板】，依次单击【创建】、【几何体】按钮，确认物体类型为【标准基本体】类型，然后单击下方的对象类型扩展菜单中的【平面】按钮，在前视图创建一平面，如图3-98所示。参数设置如图3-99所示。

③选择平面，单击【创建面板】下的【修改】按钮，在修改器列表中选择【晶格】修改器，这样就进入了【晶格】命令面板，如图3-100所示。在晶格修改器【参数】卷展栏下，修改其参数，如图3-101所示。

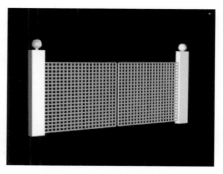

图3-97 "公园大门"的效果

操作技巧

边数越多，物体表面越平滑。

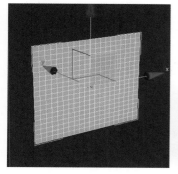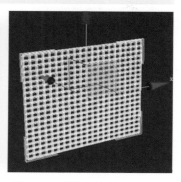

图3-98 创建平面　　图3-99 修改参数　　图3-100 修改参数　　图3-101 选择晶格修改器后效果

④制作门柱部分。在前视图创建一长方体，如图3-102所示。参数如图3-103所示。

⑤创建完成以后进行复制，生成另一侧门柱。使用【选择并移动】工具+【Shift】键复制门柱并移动到相应位置，如图3-104所示。

⑥接下来在前视图中利用【样条线】及【车削】工具制作两只门柱灯，如图3-105、图3-106所示。

⑦利用【均匀缩放】工具调整门柱的大小，如图3-107所示。然后利用【移动】工具+【Shift】键将门柱灯复制并移动到相应的位置，效果如图3-108所示。

操作技巧

此时在【克隆选项】对话框中可以选择【实例】，便于同侧的门。

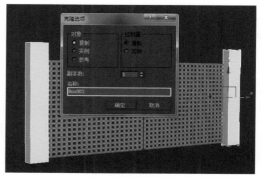

图3-102 创建长方体　　　图3-103 修改参数　　　图3-104 复制门柱

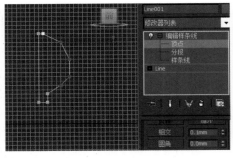
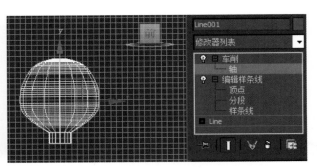

图3-105　样条线　　　　　　　　　　　　　　　图3-106　车削

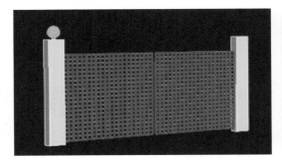
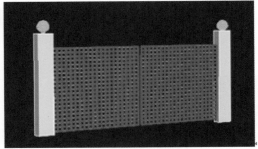

图3-107　调整　　　　　　　　　　　　　　　　图3-108　效果

（4）强化记忆快捷键

选择并移动：【W】　　　　　　　　　　　　克隆：按住【Shift】移动

最大化视图显示：【Z】　　　　　　　　　　最大化视口切换：【Alt】+【W】

选择并旋转：【E】　　　　　　　　　　　　平移视图：【Ctrl】+【P】

旋转视图：【Alt】+【鼠标中键】

案例18　【FFD 4×4×4】——带靠垫的沙发

（1）案例技能演练目的

通过案例演示，初步了解【切角长方体】的创建方法，以及基本参数的设定方式。掌握【FFD 4×4×4】修改器的使用方法。

"带靠垫的沙发"的效果如图3-109所示。

（2）案例技能操作要点

① 创建【切角长方体】。

②【FFD 4×4×4】命令的使用技巧。

③ 使用【对齐】、【移动】命令调节各对象的位置。

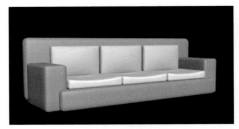

图3-109　案例"带靠垫的沙发"的效果

（3）案例操作步骤

① 启动3ds Max 2012中文版，将单位设置成毫米。

② 进入【创建面板】，依次单击【创建】 、【几何体】 按钮，确认物体类型为【扩展基本体】类型，然后单击下方的对象类型扩展菜单中的【切角长方体】按钮，在顶视图创建一切角长方体，如图3-110所示。参数设置如图3-111所示。

③ 在顶视图创建【切角长方体】来制作沙发的靠背部分，参数设置如图3-112所示。效果如图3-113

所示。

④ 在前视图创建【切角长方体】制作沙发一端扶手，参数设置如图3-114所示。效果如图3-115所示。复制另一端扶手，单击工具栏中的【移动】工具![按钮]按钮，按住键盘上的【Shift】键在顶视图沿Y轴向上拖拽，如图3-116所示。之后弹出【克隆选项】对话框，单击【复制】按钮即可。

⑤ 我们在顶视图同样创建一个【切角长方体】来制作沙发坐垫，参数设置如图3-117所示。效果如图3-118所示。单击【创建面板】下的【修改】![按钮]按钮，同时在修改器列表中为切角长方体加入一个【FFD4×4×4】修改器，如图3-119所示。

⑥ 单击【FFD 4×4×4】旁边的"+"号按钮，进入【FFD 4×4×4】的【控制点】层级，如图3-120所示。此时切角长方体周围被橘黄色的线框包围着，每一个节点就是一个FFD按制点，我们可以通过这些控制点来使模型进行柔合的变形，效果如图3-121所示。

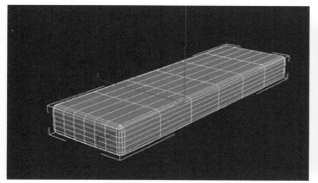

图3-110　创建切角长方体

图3-111　设置参数

图3-112　设置参数

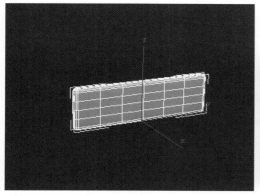

图3-113　效果图

图3-114　设置参数

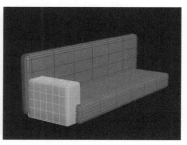

图3-115　效果

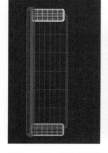

图3-116　复制模型

图3-117　设置参数

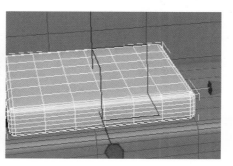

图3-118　效果

图3-119　对象空间修改器

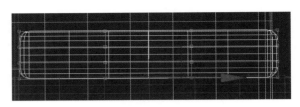

图3-120　进入【FFD 4×4×4】控制点层级　　　　　　　　图3-121　效果

⑦ 在顶视图中，选中如图3-122所示的点。使用【移动】工具向下进行拖拽。效果如图3-123所示。
调整完毕后退出【修改面板】，选择【移动】工具 在顶视图沿Y轴向右进行移动复制，将调整好的坐垫进行复制移动。

图3-122　选点

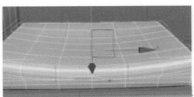

图3-123　效果

操作技巧

此时也可以打开菜单栏中的【阵列】工具，使用【移动阵列】选项进行复制并精确移动。

⑧ 按住快捷键【Shift】键沿Y轴拖拽，弹出对话框并更改【副本数】为2，如图3-124所示，复制2个沙发坐垫，效果如图3-125所示。

⑨ 制作沙发靠垫。首先在左视图创建一个切角长方体，参数设置如图3-126所示。效果如图3-127所示。

图3-124　设置参数

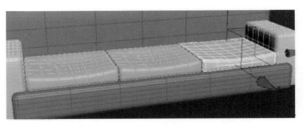

图3-125　效果

图3-126　设置参数

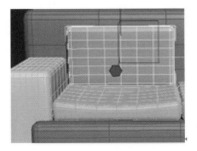

图3-127　效果

⑩ 单击【创建面板】下的【修改】 按钮，同时在修改器列表中选择【FFD4×4×4】，单击【控制点】选项，使用【移动】工具选取中间这四个点，如图3-128所示。选取移动工具在前视图沿X轴向外进行拖拽，如图3-129所示，透视图中的观察效果如图3-130所示。

⑪ 最后复制2个沙发靠垫模型并移动到适当位置，则得到最终效果图。

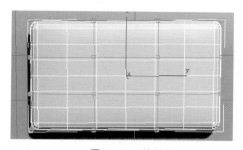
图3-128 控制点

图3-129 前视图

图3-130 透视图观察效果

（4）强化记忆快捷键

前视图：【F】

透视图：【P】

克隆：按住【Shift】移动

选择并旋转：【E】

左视图：【L】

选择并移动：【W】

最大化视图显示：【Z】

案例19 【布尔运算】——象棋

（1）案例技能演练目的

通过案例演示，初步了解【切角圆柱体】的创建方法及基本参数的设定方式。掌握【布尔运算】命令的使用方法。

"象棋"的效果如图3-131所示。

（2）案例技能操作要点

① 创建并修改【切角圆柱体】、【象棋】、【文字】。

② 布尔运算命令的使用。

（3）案例操作步骤

① 启动 3ds Max 2012 中文版，将单位设置成毫米。

② 依次单击【创建】、【几何体】按钮，确认物体

图3-131 "象棋"的效果

类型为【扩展基本体】类型，然后单击下方的对象类型扩展菜单中的【切角圆柱体】按钮，在顶视图创建如图3-132所示的图形。参数设置如图3-133所示。

③ 进入二维图形创建面板，依次单击【创建】、【图形】按钮，在下拉菜单中选择【样条线】类型，然后单击下方的【文本】按钮，在顶视图创建文字"兵"轮廓，如图3-134所示。接下来将轮廓字"兵"挤出，挤出值为15mm，形成一个立几何体，如图3-135所示。

④ 使用【对齐】工具将字体和切角圆柱体以中心点对中心点对齐的方式进行对齐，如图3-136所示。并且使用【选择并移动】工具进行文字位置上的修改，使用【缩放】工具将文字调整适合大小，将兵字体插入到圆柱体的上表面，效果如图3-137所示。

⑤ 选择切角圆柱体，单击【标准基本体】右边的下拉菜单，选择【复合对象】命令，这样就进入了复合物体控制面板。再单击【布尔】按钮，在【拾取布尔】面板下单击【拾取操作对象B】按钮，如图3-138所示。效果如图3-139所示。

（4）强化记忆快捷键

选择并移动：【W】

最大化视图显示：【Z】

操作技巧

调整字体与圆柱体的相交面积即是在圆柱体表面产生字体的深度。

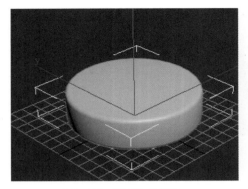

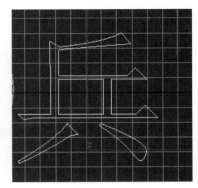

图3-132 "象棋"的轮廓　　　　　　图3-133 设置参数　　　　　　图3-134 "兵"字图形

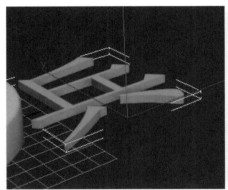

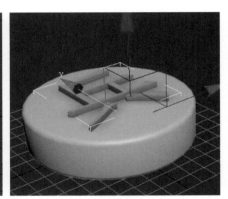

图3-135 "兵"字挤出效果　　　　　图3-136 对齐　　　　　　图3-137 效果

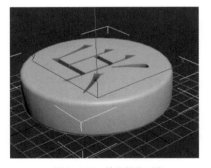

图3-138 选择复合对象　　　　　　图3-139 拾取操作对象

案例20 【编辑多边形】——筷子

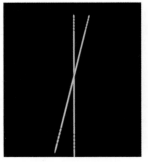

（1）案例技能演练目的

通过案例演示，初步了解【圆柱体】的创建，掌握【编辑多边形】的命令和使用方法。

"筷子"的效果如图3-140所示。

（2）案例技能操作要点

① 创建并修改【圆柱体】。

图3-140 "筷子"的效果

②【编辑多边形】中【挤出】、【轮廓】、【切角】及【网格平滑】命令的使用技巧。

（3）案例操作步骤

① 启动 3ds Max 2012 中文版，将单位设置成毫米。

② 在【创建面板】依次单击【创建】、【几何体】按钮，确认物体类型为【标准基本体】类型，然后单击下方的【圆柱体】按钮，在顶视图创建创建一半径为 0.6mm、高度为 100mm 的圆柱体，如图 3-141 所示。参数设置如图 3-142 所示。

③ 右键单击鼠标转化为可编辑多边形，如图 3-143 所示。在【修改面板】中进入【多边形】次物体层级，选择圆柱体最下面的面，如图 3-144 所示。

④ 使用【可编辑多边形】命令中的【轮廓】 轮廓 ，打开后面的窗口，弹出对话框调整轮廓值，如图 3-145 所示。效果如图 3-146 所示。

⑤ 下面将模型切换到【边】次物体层级，框选圆柱体所有纵向的边，并且连接横向的边并通过滑块调整横向边之间的距离，如图 3-147 所示。

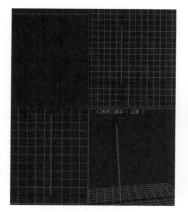

图 3-141　创建圆柱体

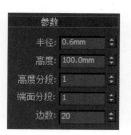

图 3-142　修改参数

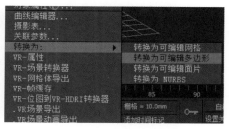

图 3-143　可编辑多边形

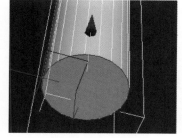

图 3-144　选择面

图 3-145　调整轮廓值

图 3-146　效果

图 3-147　【切角】对话框

⑥ 接下来同样框选最下面分段的边，再次连接边，如图 3-148 所示，对插入的边进行向内压缩，形成棱角，如图 3-149 所示。参数设置如图 3-150 所示。

⑦ 接下来选择图 3-151 的边执行切角命令，如图 3-152 所示。

⑧ 接下来切换面级别，选择最上方的面进行面的倒角，如图 3-153 所示。再次倒角两次形成如图 3-154 所示效果。

⑨ 回到边级别，选择如图 3-155 所示的边进行连接边、挤出命令，形成如图 3-156 所示的效果。

操作技巧

利用【F4】键，打开物体边显示，更利于操作。

操作技巧

切数量代表是切角角度，分段数代表切角过渡的平滑程度。

图3-148　连接边

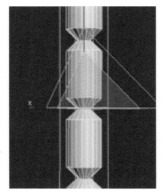
图3-149　压缩边

图3-150　参数设置

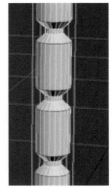
图3-151　选择边

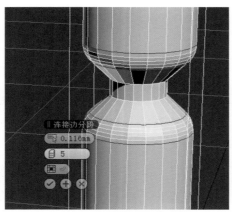
图3-152　切角

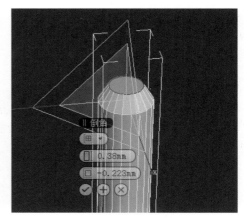
图3-153　倒角

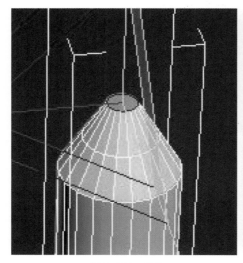
图3-154　效果

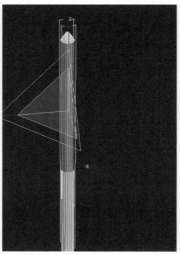
图3-155　选择边

图3-156　效果

⑩ 最后添加【网格平滑】命令。在修改器列表选择【网格平滑】修改器，在修改器列表中单击右边的下拉三角，弹出下拉菜单，选择【网格平滑】命令，如图3-157所示。将【迭代次数】设置为2，如图3-158所示。

（4）强化记忆快捷键

细分曲面：【B】

选择并移动：【W】

克隆：按住【Shift】移动

最大化视图显示：【Z】

最大化视口切换：【Alt】+【W】

平移视图：【Ctrl】+【P】

旋转视图：【Alt】+【鼠标中键】

图3-157　选择【网格平滑】

图3-158　迭代值设置

案例21　【编辑多边形】——鼠标

（1）案例技能演练目的

通过案例演示，初步了解【球体】、【鼠标】的创建及基本参数设置的方式，掌握【编辑多边形】命令的使用方法。

"鼠标"的效果如图3-159所示。

（2）案例技能操作要点

① 创建并修改【球体】。

②【编辑多边形】和【FFD】命令的使用技巧。

（3）案例操作步骤

① 启动3ds Max 2012中文版，将单位设置成毫米。

② 进入【创建面板】，依次单击【创建】、【几何体】按钮，确认物体类型为【标准基本体】类型，然后单击下方的对象类型扩展菜单中的【球体】按钮，在左视图创建一球体，并且在透视图按【F4】键显示线框，如图3-160所示。

③ 选择球体并单击右键，在弹出的快捷菜单中选择【转换为可编辑多边形】命令，如图3-161所示。进入【可编辑多边形】命令面板，单击【可编辑多边形】旁边的"+"号，选择【多边形】并进入多边形次物体层级。

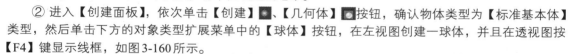

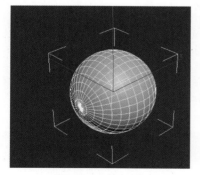

图3-160　创建球体

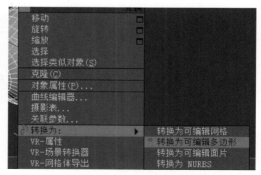

图3-161　转换为可编辑多边形

④ 选取【球体】下面的部分如图3-162所示，并且将这些面删除，效果如图3-163所示。

⑤ 对面进行编辑。对如图3-164所示的面进行选择并删除。

⑥ 使用【点】次物体层级选取点，如图3-165所示。使用【缩放】工具在顶视图沿Y轴向内进行拖拽，效果如图3-166所示。

⑦ 使用【多边形】次物体层级，将如图3-167所示的下面删除。单击主菜单栏【修改器】，在下拉菜单中选择【网格编辑】、【对称】命令，则我们刚刚删除的部分又体现出来了，如图3-168所示。

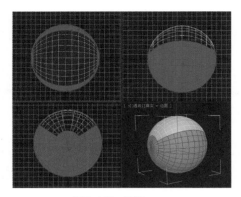

图3-162　选取

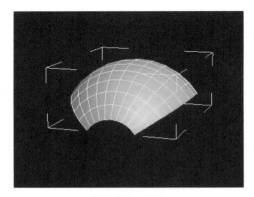

图3-163　效果

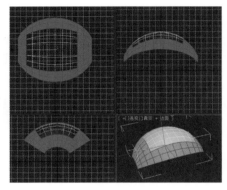

图3-164　面编辑

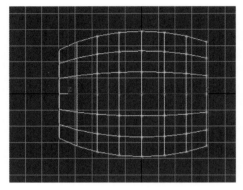

图3-165　选取点

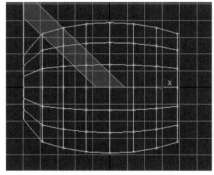

图3-166　效果

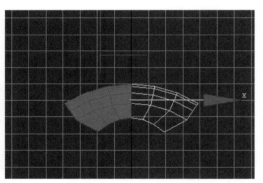

图3-167　删除下面

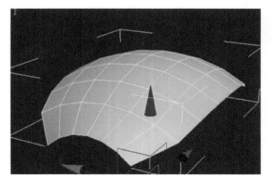

图3-168　效果

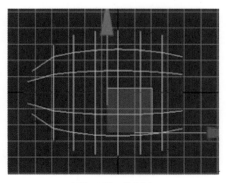

图3-169　选择边

⑧ 接下来使用【移动】工具进行编辑。使用【边】◁次物体层级对如图3-169所示的边进行选择，使用【移动】工具配合【Shift】键向下沿（在前视图）Y轴复制个面出来，效果如图3-170所示。

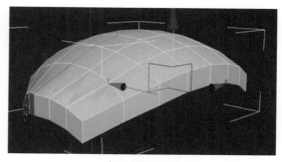

⑨ 使用【边】◁次物体层级对如图3-171所示的边进行选择，单击鼠标右键，在弹出的快捷菜单中选择【连接】，如图3-172所示。调整参数如图3-173所示。效果如图3-174所示。

⑩ 选取底面，如图3-175所示。使用【移动】工具配合【Shift】键在前视图沿Y轴向下拖拽并使用【缩放】工具调整造型，调整得到如图3-176所示形状。

⑪ 选取如图3-177所示的边添加【切角】命令，参数设置如图3-178所示。

⑫ 接下来对形状进行系统的编辑和调整。调整边和点的位置表现出鼠标的前部窄后部宽的形状，调整形状如图3-179所示。然后连接两条边如图3-180所示。

⑬ 使用【切割】工具，切割出滚轮的位置，如图3-181所示。使用【选择并移动】工具配合【Shift】键沿Y轴向下进行拖拽，效果如图3-182所示。

图3-170　效果

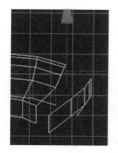

图3-171　选择边

图3-172　连接

图3-173　修改参数

图3-174　效果

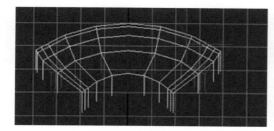

图3-175　选取底面

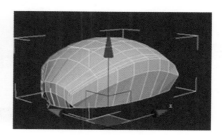

图3-176　效果

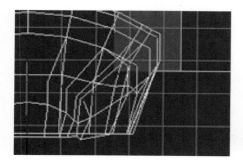

图3-177　选取边

图3-178　设置参数

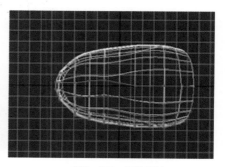

图3-179　调整形状

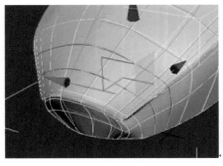
图3-180 连接边

图3-181 切割

图3-182 效果

⑭ 接下来制作鼠标两个按键。先添加一条边，使用【多边形】■次物体层级选择如图3-183所示的面并且分离出来。单击【边】◎次物体层级，选择如图3-184所示一圈边做出厚度，效果如图3-185所示。

⑮ 选择如图3-186所示的边添加【切角】命令，如图3-187所示。下面按【Alt+Q】独立模式，选出鼠标的按键对它再次进行编辑，给它【壳】命令让它产生厚度，效果如图3-188所示。

⑯ 创建圆柱体制作鼠标滚轮，对图3-188的边进行封口。选择图3-189的边添加【切角】命令。

⑰ 下面在前视图创建面板中创建一圆柱体，如图3-190所示。参数设置如图3-191所示。

⑱ 下面编辑多边形制作鼠标的滚轮。使用【边】☑次物体层级选中如图3-192所示的所有边，使用【挤出】命令形成如图3-193所示效果，并且选中如图3-193所示的【边添加切角】命令。

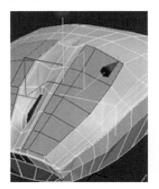
图3-183 选择面

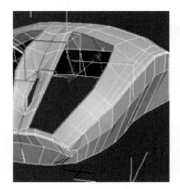
图3-184 选择边

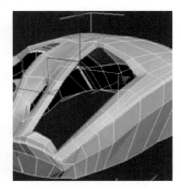
图3-185 效果

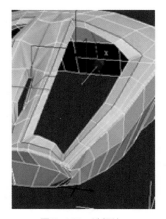
图3-186 选择边

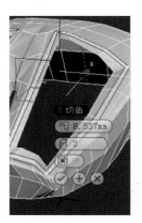
图3-187 切角

⑲ 接下来选择圆柱。在可编辑多边形级别中选择多边形，接下来选择圆柱体的一个侧面，向内部进行插入，如图3-194所示。再通过【挤出】工具，向两侧挤出高度，如图3-195所示。在当前选择的面，再一次使用【插入】工具和【挤出】工具，制作如图3-196所示效果。

⑳ 选择如图3-197所示两侧的边进行切角，效果如图3-198所示。

㉑ 对滚轮加以【网格平滑】命令，如图3-199所示。将滑轮移至鼠标中的位置里，效果如图3-200所示。

操作技巧

此操作可利用【循环】按钮，依次加选环形的边。

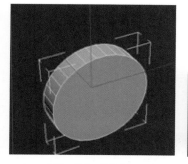

图3-188　效果

图3-189　切角

图3-190　圆柱体

图3-191　设置参数

图3-192　选择边

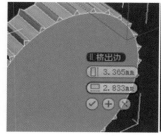

图3-193　切角

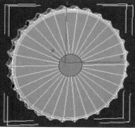

图3-194　面的插入

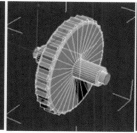

图3-195　面的挤出

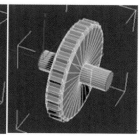

图3-196　再次挤出效果

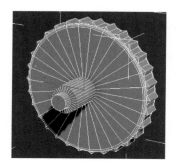

图3-197　边的选择

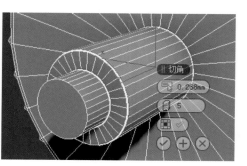

图3-198　切角

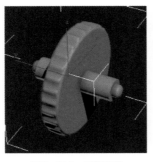 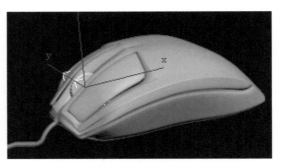

图3-199 网格平滑 图3-200 效果图

㉒ 最后添加【FFD】命令调整鼠标的造型。

（4）强化记忆快捷键

删除：【Delete】 网格编辑：【M】

孤立：【Alt】+【D】 最大化视图显示：【Z】

最大化视口切换：【Alt】+【W】 选择并移动：【W】

选择并旋转：【E】 平移视图：【Ctrl】+【P】

旋转视图：【Alt】+【鼠标中键】

案例22 【编辑多边形】——带窗户的房间

（1）案例技能演练目的

通过案例演示，初步了解【长方体】、【窗户】的创建方法及基本参数的设定方式。掌握【编辑多边形】命令的使用方法。

"带窗户的房间"效果如图3-201所示。

（2）案例技能操作要点

① 创建并修改【长方体】。

② 使用【编辑多边形】命令。

③ 使用【法线】命令。

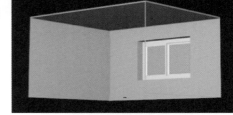

图3-201 "带窗户的房间"的效果

（3）案例操作步骤

① 启动3ds Max 2012中文版，将单位设置成毫米。

② 进入【创建面板】，依次单击【创建】■、【几何体】■按钮，确认物体类型为【标准基本体】类型，然后单击下方的对象类型扩展菜单中的【长方体】按钮，在顶视图创建一长度为4000mm、宽度为5000mm、高度为3000mm的长方体，如图3-202所示。参数设置如图3-203所示。

③ 按【F4】键显示线框，然后右键点击 对象属性(P)... ，弹出【对象属性】对话框，如图3-204所示。勾选【背面消隐】，单击【确定】。

④ 在【修改面板】中 ■ 添加一个【法线】 ❖ 法线 ，效果如图3-205所示。

⑤ 选择长方体并单击右键，在弹出的快捷菜单中选择【转换为可编辑多边形】命令，如图3-206所示。在【修改面板】中进入【多边形】■次物体层级，选择长方体最外面的面将其删除，效果如图3-207所示。

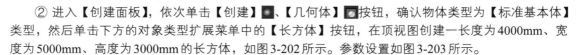

操作技巧

在选中物体的同时右键单击鼠标直接将物体转为可编辑多边形。

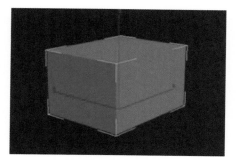

图3-202　创建长方体

图3-203　设置参数

图3-204　【对象属性】对话框

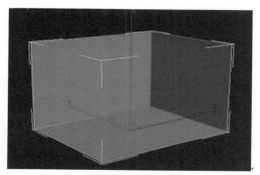

图3-205　添加法线效果

图3-206　可编辑多边形

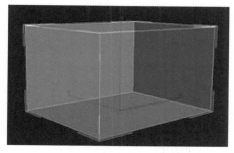

图3-207　效果

⑥ 接下来选择【边】 次物体层级，选择如图3-208所示的边。并且添加两条线来制作窗户，效果如图3-209所示。然后再次连接两条边。

⑦ 插入纵向的边，如图3-210所示。接下来使用【多边形】 次物体层级选中面，使用挤出向外进行挤出，如图3-211所示。

⑧ 对选中的面进行插入，如图3-212所示。选中新插入面的上下两条边，如图3-213所示，并插入条新边，接下来将选择的面向内进行挤出，挤出值为–50mm。

⑨ 选择如图3-214所示的面执行【插入】命令，形成效果如图3-215所示。

⑩ 使用【移动】工具在左视图沿X轴向外进行拖拽，如图3-216所示。把窗户进行分离，如图3-217所示，这样就在房间中形成了窗户。

图3-208　选择边

图3-209　效果

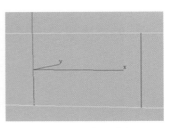

图3-210　插入纵向边

图3-211　挤出效果

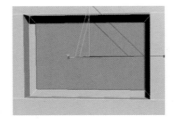

图3-212　选择面

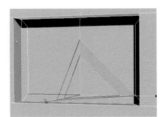

图3-213　选择边

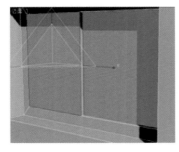

图3-214　选择面

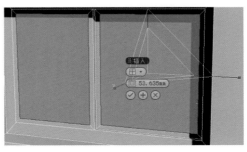

图3-215　效果

图3-216　【移动】工具

图3-217　分离窗户

（4）强化记忆快捷键

显示线框：【F4】

克隆：按住【Shift】移动

最大化视口切换：【Alt】+【W】

平移视图：【Ctrl】+【P】

选择并移动：【W】

最大化视图显示：【Z】

选择并旋转：【E】

旋转视图：【Alt】+【鼠标中键】

第三节　自定义常用修改命令按钮

学习了上述修改命令，我们发现在3ds Max 2012中文版中众多的修改命令中找到自己需要的修改命令比较麻烦，那么如何快速准确地找到自己常用的修改命令呢？

打开3ds Max 2012软件，在界面右侧的【命令面板】中的【修改面板】上单击【配置修改器集】按钮，在弹出的如图3-218所示菜单中，选择【配置修改器集】，此时会弹出如图3-219所示的【配置修改器集】对话框。

图3-218　【配置修改器集】所在菜单

图3-219　【配置修改器集】对话框

先按自己的需求将【配置修改器集】对话框中的【按钮总数】进行修改，然后在对话框左侧的【修改器】窗口中选择自己需要的命令，拖拽至右侧【修改器】按钮上。调整完毕后，在对话框右侧上方【集】下进行命名，然后单击【确定】按钮，完成设置，如图3-220所示。此时在图3-221菜单中选择 ☑显示按钮 ，即可在【修改面板】上显示自定义的常用修改命令按钮。

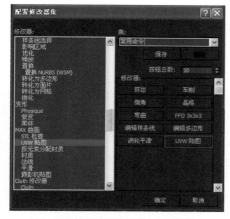

图3-220　【配置修改器集】示例参数

图3-221　自定义的修改命令按钮

第四章
摄影机和渲染器

学习目的

　　掌握摄影机的常用设置方法和调节方式；能根据渲染图像的特点和需求，进行多种渲染器参数的设置。

重点难点

　　重点：V-ray渲染器的渲染器设置方式。
　　难点：摄影机的视角合理调整。

第一节　摄影机的应用

　　摄影机是一个场景中必不可少的组成单位，最后完成的静态、动态图像都要在摄影机视图中表现。设置好摄影机视角，对制作效果图有着非常重要的作用。3ds Max提供了一系列比设定和调节摄影机参数更为直观的控制摄影机视图的方法，接下来我们就通过两个案例来学习摄影机的应用方法。

案例23　创建【摄影机】

　　（1）案例技能演练目的
　　通过案例演示，掌握【摄影机】的创建方法及简单设置。
　　"创建摄影机"的效果如图4-1所示。
　　（2）案例技能操作要点
　　① 创建【摄影机】。
　　②【摄影机】的调整。
　　（3）案例操作步骤
　　① 准备场景。导入房屋模型，如图4-2所示。
　　② 创建【摄影机】。依次单击【创建】、【摄影机】按钮，在对象类型中选择【目标】、【摄影机】，如图4-3所示，这样就做好了创建【摄影机】

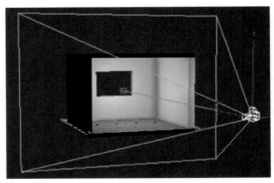

图4-1　"创建摄影机"的效果

的准备工作。

③ 在顶视图中沿Y轴方向向上推出一台【摄影机】，如图4-4所示。在左视图中选择【摄影机】的线利用【移动】工具将摄影机向上移动至房屋一半的高度，如图4-5所示。

④ 切换到【摄影机视图】。激活【透视图】，然后按【C】键，就可以切换到【摄影机视图】，如图4-6所示。可以按【P】键退出【摄影机视图】。

操作技巧

将【摄影机】移动至房屋一半即是与人眼睛相平行的角度。

图4-2　房屋模型

图4-3　选择目标摄影机

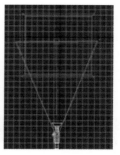

图4-4　摄影机的位置

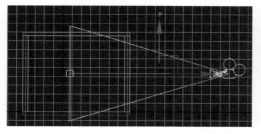

图4-5　调整摄影机

图4-6　摄影机视图

（4）强化记忆键

摄影机视图：【C】　　　　　　　　　　　退出摄影机视图：【P】

案例24　【摄影机】的高级设置

（1）案例技能演练目的

通过案例演示，掌握【摄影机】的创建方法及高级设置。

"摄影机的高级设置"效果如图4-7所示。

（2）案例技能操作要点

① 创建【摄影机】。

②【摄影机】参数设置。

（3）案例操作步骤

① 导入房屋模型，如图4-8所示。

② 在【顶视图】中按【G】键取消显示视图网格，单击【创建面板】中的【摄影机】按钮，如图4-9所示。在对象类型中选择【目标】、【摄影机】，以角度方式拖出【摄影机】，如图4-10所示。在工

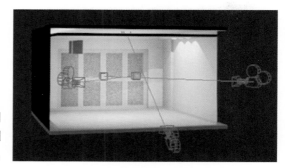

图4-7　"摄影机的高级设置"的效果

具栏【选择过滤器】中选择【C-摄影机】，如图4-11所示。

③ 在左视图中，利用【工具栏】中【选择对象】工具选择【摄影机】及【摄影机目标点】，如图4-12所示。然后在【工具栏】中鼠标右键单击【选择并移动】工具，弹出【移动变换输入】对话框，在Z轴方向输入数值，如图4-13所示。

④ 接下来将【摄影机】移动到合适的水平位置，如图4-14所示。然后转换到【透视图】，按【C】键进入【摄影机视图】，默认为001来观察效果，如图4-15所示。按【P】键退出摄影机视图。

⑤ 用【选择对象】工具在左视图中选择【摄影机】，到【修改面板】参数设置中将【摄影机】镜头更改为28mm，如图4-16所示。再次返回到【透视图】打开【摄影机视图】，如图4-17所示。

⑥ 接下来我们需要打开【剪切平面】中的【手动剪切】，并作设置，如图4-18所示。在左视图观察摄影机剪切线，如图4-19所示。

操作技巧

在透视图中打开安全框，安全框中的内容是将来我们要渲染的内容。

操作技巧

远距剪切要超过模型的场景摄影机目标点设置的远与近，在摄影机视图中的显示效果是一致的。

图4-8　房屋模型

图4-9　选择目标摄影机

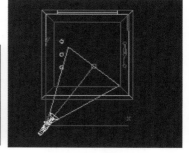

图4-10　置入摄影机

图4-11　选择过滤

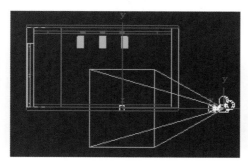

图4-12　选择目标

图4-13　【移动变换输入】对话框

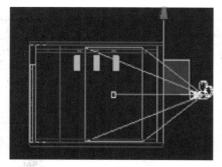

图4-14　移动摄影机

图4-15　效果

图4-16 设置参数

图4-17 效果

图4-18 设置参数

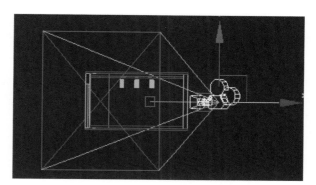

图4-19 效果

⑦ 在同一场景中为了便于观察模型，我们可以创建多台摄影机，下面我们创建第二台摄影机，如图4-20所示。转到透视图观察摄影机视图，如图4-21所示。

⑧ 在左视图中创建第三台摄影机，如图4-22所示。将摄影机003的目标点利用【移动】工具调整到天花板的位置，转到透视图观察摄影机003视图，如图4-23所示。

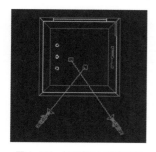

图4-20 创建第二台摄影机

图4-21 效果

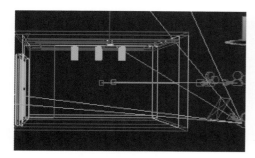

图4-22 创建第三台摄影机

图4-23 效果

操作技巧

将摄影机移动至房屋一半即是与人眼睛相平行的角度。

⑨ 当同一场景中含有多台摄影机时,在透视图中按【C】键后,便会出现如图4-24所示的【选择摄影机】对话框,在对话框中可以选择所需要的摄影机。

(4)强化记忆快捷键

从视图创建摄影机:【Ctrl】+【C】

第二节 3ds Max默认渲染器

图4-24 摄影机选择界面

渲染就是依据所指定的材质、所使用的灯光,以及诸如背景与大气等环境的设置,将在场景中创建几何体实体化显示出来,也就是将三维的场景转为二维的图像,更形象地说,就是为创建的三维场景拍摄照片或者录制动画。

一、基本介绍

3ds Max默认渲染器是扫描线渲染器,它是一种多功能渲染器,可以将场景渲染为从上到下生成的一系列扫描线。默认扫描线渲染器的渲染速度特别快,但是渲染功能不强。

单击主工具栏【渲染设置】 按钮或按【F10】键,可以打开【渲染设置:默认扫描线渲染器】对话框,如图4-25所示。

在【渲染设置:默认扫描线渲染器】对话框中包含5个选项卡,这5个选项卡根据指定的渲染器不同而有所变化,每个选项卡中包含一个或者多个卷展栏,分别对各渲染项目进行设置。下面对设置为3ds Max【默认扫描线渲染器】时所包含的5个选项卡作基本介绍。

图4-25 【渲染设置】对话框

【Render Elements】:在这里能够根据不同类型的元素,将其渲染为单独的图像文件,以便于在后期软件中进行后期合成。

【光线跟踪器】:用于对3ds Max的光线跟踪器进行设置,包括是否应用抗锯齿、反射或折射的次数等。

【高级照明】:高级照明卷展栏用于选择一个高级照明选项,并进行相关参数设置。

【公用】:此选项卡中的参数适用于所有渲染器,并且在此选项卡中进行指定渲染器的操作,共包含4个卷展栏:公用参数、电子邮件通知、脚本和指定渲染器。

【渲染器】:同于根据设置指定渲染器的各项参数,根据指定渲染器不同,该面板中可以分别对3ds Max的【默认扫描线渲染器】和【mental ray渲染器】的各项参数进行设置,如果安装了其他渲染器,这里还可以对外挂渲染器参数进行设置。

3ds Max 2012默认安装了3个扫描器:【默认扫描线渲染器】、【mental ray渲染器】和【VUE文件渲染器】。在指定渲染器卷展栏中,可以为3中渲染类别分别指定不同的渲染器。产品级用于渲染图形进行输出时使用的渲染器。材质编辑器用于渲染材质编辑器中样本窗的渲染器。动态着色用于动态着色窗口显示使用的渲染器。在3ds Max自带的3中渲染器中，只有默认扫描线渲染器可以用于动态着色视口渲染。

二、普通渲染设置

在使用【渲染设置：默认扫描线渲染器】时主要是对下列选项卡进行设置：

①【公用】选项卡中的【公用参数】卷展栏，该卷展栏是场景渲染的主参数区。

a.【时间输出】选项组用于设置渲染的范围，如图4-26所示。

在【时间输出】选项组中，各单选按钮的含义如下：

【单帧】：只渲染当前帧，并以静态图像形式输出。

【活动时间段】：勾选此选项，可以渲染已经设置好了时间长度的动画。例如，当前默认的动画长度为0～100帧这个时间段，如选择此选项进行渲染，则可以渲染100帧的动画。当然，这一时间也可自己设定。

【范围】：设置一个范围进行渲染。可以在当前的整个动画中，选择只渲染其中某一段。如一个0～100帧的动画，我们可以设置只渲染其中的30～60帧。

【帧】：渲染单帧。例如渲染第2、4和第0～100帧等，具体帧数可以由用户根据需要输入。

b.【输出大小】选项组用于设置渲染输出的图像或视频的宽度和高度，如图4-27所示。

【宽度】和【高度】分别为当前输出图像或动画的宽和高的值。用户也可选择右侧的6个系统已经设置好的图像尺寸，系统默认为640×480。还可在【自定义】的下拉列表中选择需要的选项，如图4-28所示。

c.【选项】选项组用于设置渲染的各种选项，如图4-29所示。图中注解了常用项的含义。一般采用默认参数。

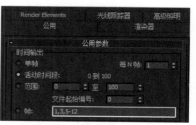

图4-26 【时间输出】选项组

图4-27 【输出大小】选项组

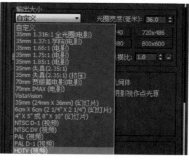

图4-28 输出【自定义】选择

图4-29 【选项】选项组

d.【渲染输出】选项组设置渲染输出的文件格式和保存路径，如图4-30所示。单击【文件】按钮，弹出【渲染输出文件】对话框，在这里可以选择保存路径、"文件名称"及"保存类型"。勾选【保存文件】复选框，渲染完毕后，即可到自动保存到下面已经设定好的路径，也可以不勾选，在渲染完成后用户自己手动设置。

操作技巧

3ds Max可以多种文件格式作为渲染结果进行保存，包括静态图像和动画文件，每种格式都有其对应的参数设置。渲染输出时，静态图像一般保存为*.jpg、*.tif或*.tga格式，动画文件一般保存为*.avi格式。

图4-30 【渲染输出】设置

②【默认扫描线渲染器】选项卡用于设置当前默认扫描线渲染器的参数，它包含7个参数区，主要是对【抗锯齿】组进行设置。

抗锯齿的过滤器方式选【Mitchell-Netravali】。这种方式比缺省的【区域】面积方式效果更好，如图4-31所示。

③【光线跟踪器全局参数】选项卡的设置，主要是针对场景中带有光线跟踪自动反射和折射的材质，【最大深度】设置为4，这样可以比缺省的9次计算更节省时间，而且效果也差不多。

打开光线跟踪的抗锯齿效果，使用缺省的【快速自适应抗锯齿器】快速方式，这样可以产生比较好的反射折射抗锯齿效果，如图4-32所示。

操作技巧

这些控件只调整扫描线渲染器的光线跟踪设置。这些控件的设置不影响 mental ray 渲染器，它们具有自己的光线跟踪控件。

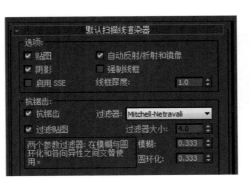

图4-31 【默认扫描线渲染器】选项卡

图4-32 【光线跟踪器全局参数】设置

第三节　V-ray渲染器

V-ray渲染器是保加利亚的Chaos Group公司开发的一款高质量渲染引擎，主要以插件的形式应用在 3ds Max、Maya、SketchUp 等软件中。由于 V-ray 渲染器可以真实地模拟现实光照，并且操作简单，可控性也很强，因此被广泛应用于建筑表现、工业设计和动画制作等领域。V-ray 的渲染速度与渲染质量比较均衡，也就是说在保证较高渲染质量的前提下也具有较快的渲染速度，所以它是目前效果图制作领域最为流行的渲染器。

一、渲染面板综合介绍

单击【工具栏】中的【渲染设置】按钮，或者按快捷键【F10】，都可以打开【渲染设置】对话框，然后在【公用】选项卡下展开【指定渲染器】卷展栏，如图4-33所示。接着单击【产品级】选项后面的【选择渲染器】按钮，最后在弹出的【选择渲染器】对话框中选择【V-Ray Adv 2.10.01】即可，如图4-34所示。

图4-33 【指定渲染器】卷展栏

图4-34 选择渲染器为 V-ray 渲染器

V-ray 渲染器参数主要包括【公用】、【VR_基项】、【VR_间接照明】、【VR_设置】、【Render Elements】5大选项卡，如图4-35所示。下面重点讲解【VR_基项】、【VR_间接照明】和【VR_设置】这3个选项卡下的参数。

图4-35 V-ray 渲染器

（1）【VR_基项】选项卡

【VR_基项】选项卡下包含9个卷展栏，如图4-36所示。下面重点讲解【帧缓存】、【全局开关】、【图像采样器（抗锯齿）】、【自适应DMC图像采样器】、【环境】和【颜色映射】6个卷展栏下的参数。

①【帧缓存】卷展栏 【帧缓存】卷展栏下的参数可以代替3ds Max自身的帧缓存窗口。这里可以设置渲染图像的大小，以及保存渲染图像等，如图4-37所示。

图4-36 【VR_基项】选项卡

图4-37 【帧缓存】卷展栏

②【全局开关】卷展栏　【全局开关】卷展栏下的参数主要用来对场景中的灯光、材质、置换等进行全局设置，比如是否使用缺省灯光、是否开启阴影、是否开启模糊等，如图4-38所示。

③【图像采样器（抗锯齿）】卷展栏　抗锯齿在渲染设置中是一个必须调整的参数，其数值的大小决定了图像的渲染精度和渲染时间，但抗锯齿与全局照明精度的高低没有关系，只作用于场景物体的图像和物体的边缘精度，其参数设置面板如图4-39所示。

图4-38　【全局开关】卷展栏

图4-39　【图像采样器（抗锯齿）】卷展栏

自适应DMC抗锯齿比较好，其次是自适应细分。渲染时间自适应DMC＞自适应细分＞固定，时间相差了3倍左右，图像质量与渲染时间成正比。通常是测试时关闭抗锯齿过滤器，最终渲染选用Mitchell-Netravali或Catmull Rom。

图4-40　【自适应DMC图像采样器】卷展栏

④【自适应DMC图像采样器】卷展栏　【自适应DMC图像采样器】是一种高级抗锯齿采样器。展开【图像采样器（抗锯齿）】卷展栏，然后在【图像采样器】选项组下设【类型】为【自适应DMC】，此时系统会增加一个【自适应DMC图像采样器】卷展栏，如图4-40所示。

图4-41　【环境】卷展栏

⑤【环境】卷展栏　【环境】卷展栏分为【全局照明环境（天光）覆盖】、【反射/折射环境覆盖】和【折射环境覆盖】3个选项组，如图4-41所示。在该卷展栏下可以设置天光的亮度、反射、折射和颜色等。

⑥【颜色映射】卷展栏　【颜色映射】卷展栏下的参数主要用来控制整个场景的颜色和曝光方式，如图4-42所示。

图4-42　【颜色映射】卷展栏

操作技巧

如果希望得到明暗对比明显的、比较鲜艳的效果，选择线性倍增曝光方式，如果想避免曝光，就选择指数方式或HSV指数方式。

（2）【VR_间接照明】选项卡

【VR_间接照明】选项卡包含4个卷展栏，如图4-43所示。下面重点讲解【间接照明（全局照明）】、【发光贴图】、【灯光缓存】和【焦散】。

①【间接照明（全局照明）】卷展栏　在V-ray渲染器中，没有开启间接照明时的效果就是直接照

图4-43　【VR_间接照明】选项卡

图4-44 【间接照明（全局照明）】卷展栏

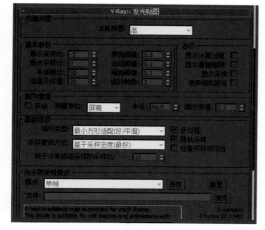

图4-45 【发光贴图】卷展栏

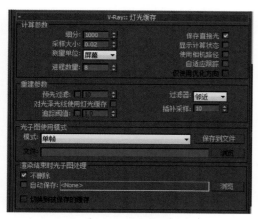

图4-46 【灯光缓存】卷展栏

图4-47 【焦散】卷展栏

明效果，开启后就可以得到间接照明效果。开启间接照明后，光线会在物体与物体间互相反弹，因此光线计算会更加准确，图像也更加真实，其参数设置面板如图4-44所示。

②【发光贴图】卷展栏　【发光贴图】描述了三维空间中的任意一点以及全部可能照射到这点的光线，它是一种常用的全局光引擎，只存在于【首次反弹】引擎中，其参数设置面板如图4-45所示。

③【灯光缓存】卷展栏　【灯光缓存】与【发光贴图】比较相似，都是将最后的光发散到摄影机后得到最终图像，只是【灯光缓存】与【发光贴图】的光线路径是相反的，【发光贴图】的光线追踪方向是从光源发射到场景的模型中，最后再反弹到摄影机，而【灯光缓存】是从摄影机开始追踪光线到光源，摄影机追踪光线的数量就是【灯光缓存】的最后精度。因为【灯光缓存】是从摄影机方向开始追踪光线的，所以最后的渲染时间与渲染的图像的像素没有关系，只与其中的参数有关，一般适用于【二次反弹】，其参数设置面板如图4-46所示。

④【焦散】卷展栏　【焦散】是一种特殊的物理现象，指的是光线穿过物体时，因为光的折射产生的明亮的光斑效果。在V-ray渲染器里有专门的【焦散】效果调整功能面板，其参数面板如图4-47所示。

（3）【VR_设置】选项卡

【VR_设置】选项卡下包含3个卷展栏，分别是【DMC采样器】、【默认置换】和【系统】卷展栏，如图4-48所示。

①【DMC采样器】卷展栏　【DMC采样器】卷展栏下的参数可以用来控制整体的渲染质量和速度，其参数设置面板如图4-49所示。

【自适应数量】：值为0时不适用早期性中止，采样时间会很长、很慢；值越大，渲染时间越快。

【噪波阈值】：控制图像的模糊程度和噪点。它决

图4-48 【VR_设置】选项卡

图4-49 【DMC采样器】卷展栏

定了V-ray在执行早期性终止技术之前，对场景进行评估的准确性，较小的数值有较高的准确性，噪点越少，越大的数值有较低的准确性，噪点越多。

【最少采样】：在早期性终止之前，最少需要采样的数量，值越大，速度越慢，效果越好。

【全局细分倍增器】：除了有设置的参数外，其他关于模糊的参数都受这个参数的控制，如景深、面积阴影、平滑折射等。它控制的是V-ray全部的细分的倍增值，所以要谨慎使用。

【独立时间】：用于处理动画时所有，即帧到帧的采样是一样的。

图4-50 【默认置换】卷展栏

图4-51 【系统】卷展栏

②【默认置换】卷展栏 【默认置换】卷展栏下的参数是用灰度贴图来实现物体表面的凸凹效果，它对材质中的置换起作用，而不作用于物体表面，其参数设置面板如图4-50所示。

操作技巧

如果场景中有置换材质，却没有指定置换修改器，那么这个物体的置换效果就要通过【默认置换】进行控制。一般该项所有值都可以保持默认即可。

③【系统】卷展栏 【系统】卷展栏下的参数不仅对渲染速度有影响，还会影响渲染的显示和提示功能，同时还可以完成联机渲染，其参数设置面板如图4-51所示。

操作技巧

在这部分用户可以控制多种VR参数，一般保持默认即可。

二、测试阶段参数设置

①【V-Ray：全局开关】卷展栏：一般情况下，测试阶段【全局开关】参数设置，【缺省灯光】要关掉，不然如果有室外光作用时，【缺省灯光】会破坏我们的布光。【最大深度】勾选，并填写数值2～3，因为是测试，所以材质反射次数不宜过高，以节省时间。如图4-52所示。

②【V-Ray：图像采样器（抗锯齿）】卷展栏参数设置：【图像采样器】的【类型】选择【固定】，这样虽会出现锯齿但速度快，抗锯齿过滤器暂时先关闭。如图4-53所示。

③【V-Ray：间接照明（全局照明）】卷展栏参数设置：间接照明几乎是V-ray渲染的核心，3ds Max默认渲染之所以渲染得不够真实，主要是因为3ds Max只是直接照明，光不会反弹。这里要把间接照明的开关勾选打开；【首次反弹】设置为【发光贴图】，【二次反弹】设置为【灯光缓存】。如图4-54所示。

④【V-Ray：发光贴图】卷展栏参数设置：这里的参数对整个渲染参数时间有决定性影响。【当前预置】默认是【高】，一般改为【自定义】；【最小采样比】和【最大采样比】分别是−5和−4；【半球细分】改为20左右；勾

图4-52 【V-Ray：全局开关】参数设置

图4-53 【V-Ray：图像采样器（抗锯齿）】
参数设置

选【显示计算过程】，这样我们可以看到计算的过程。如图4-55所示。

⑤【V-Ray：灯光缓存】卷展栏参数设置：【细分】设置为100。如图4-56所示。

⑥【V-Ray：颜色映射】卷展栏参数设置：颜色映射【类型】默认是【线性倍增】，这里改为【VR_指数】，因为【线性倍增】太容易曝光，不利于我们在洞口打补光。如图4-57所示。

⑦【V-Ray：系统】卷展栏参数设置：这一步只把V-ray的【显示信息窗口】去掉勾选就可以了。如图4-58所示。

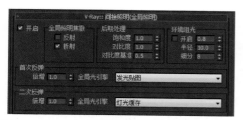

图4-54 【V-Ray：间接照明（全局照明）】参数设置

图4-55 【V-Ray：发光贴图】参数设置

图4-56 【V-Ray：灯光缓存】参数设置

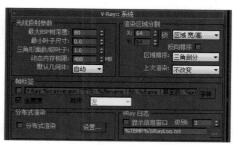

图4-58 【V-Ray：系统】参数设置

图4-57 【V-Ray：颜色映射】参数设置

三、普通渲染参数设置

①【V-Ray：全局开关】卷展栏参数设置：去掉【材质】中【最大深度】的勾选，这时材质反射的【最大深度】会采用默认的设置，一般为5，因为是最终渲染所以反射要尽可能地充分。如图4-59所示。

②【V-Ray：图像采样器（抗锯齿）】卷展栏参数设置：【图像采样器】的【类型】设置为【自适应DMC】，这个设置虽然速度慢但品质相比最好；勾选【抗锯齿过滤器】中的开关，选择【Catmull-Rom】方式，这样会使我们的渲染画面更清晰些，如图4-60所示。

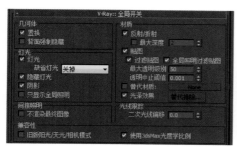

图4-59 【V-Ray：全局开关】参数设置

图4-60 【V-Ray：图像采样器（抗锯齿）】参数设置

③【V-Ray：间接照明（全局照明）】卷展栏参数设置：【首次反弹】中的参数一般保持默认；【二次反弹】中的参数最终出图时视情况而定，可以保持默认，但如果测试渲染的布光亮度刚好合适，建议最终出图时将【二次反弹】的【倍增】值，适当调为8.5～9.7之间，当然也要看具体情况而定。

如图4-61所示。

④【V-Ray：发光贴图】卷展栏参数设置：【当前预置】仍为【自定义】；【最小采样比】和【最大采样比】可以设为–4和–3，或者–3和–2左右，当然也要示具体情况而定；【半球细分】定位50左右；打开【细节增强】。如图4-62所示。

⑤【V-Ray：灯光缓存】卷展栏参数设置：最终渲染【二次反弹】中的【全局光引擎】可以选择【穷尽计算】也可以选择【灯光缓存】，选择【灯光缓存】品质会稍好一点，但很有限。如果选择【灯光缓存】，这里的【细分】应调至800～1000。如图4-63所示。

⑥【V-Ray：DMC采样器】卷展栏参数设置：最终出图时，这里一般我们将【噪波阈值】设为0.001～0.005，【最小采样】值在12～25之间。如图4-64所示。

⑦ 其他参数值可以保持不变。

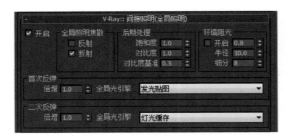

图4-61 【V-Ray：间接照明（全局照明）】参数设置

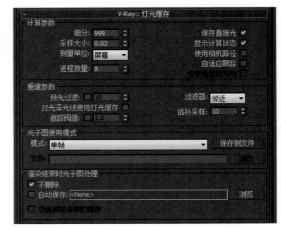

图4-63 【V-Ray：灯光缓存】参数设置

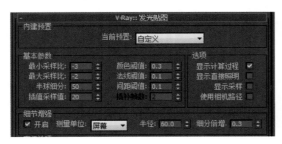

图4-62 【V-Ray：发光贴图】参数设置

图4-64 【V-Ray：DMC采样器】参数设置

第五章
灯光的应用

学习目的

掌握创建灯光的技巧和灯光参数修改的方法，能够创建真实、舒适的灯光环境。

重点难点

重点：V-ray灯光的创建方法。
难点：灯光调节参数设置。

第一节　3ds Max 默认灯光

在大多数场景中，使用的灯光一般可以分为"自然光"和"人造光"两大类。那么3ds Max中如何创建灯光，照亮空间呢？接下来我们就讲解利用3ds Max默认灯光照亮空间的方法。

案例25　利用点光源照亮空间

（1）案例技能演练目的

通过案例演示，了解创建点光源，并且调节点光源具体的数据。

"利用点光源照亮空间"的效果如图5-1所示。

（2）案例技能操作要点

① 创建并修改【点光源】。

② 灯光参数设置。

（3）案例操作步骤

① 启动3ds Max 2012中文版，将单位设置成毫米。

② 导入房间模型，如图5-2所示。

③ 在左视图创建一台摄影机，如图5-3所示。

图5-1　"利用点光源照亮空间"的效果

④ 依次单击【创建】■【灯光】■命令，选择【光度学】灯光，在【对象类型】卷展栏中单击【自由灯光】按钮，在顶视图创建一盏灯光，如图5-4所示。

⑤ 在选择过滤器中更改为L-灯光，使用【选择并移动】■工具在视图中调整灯光的位置，如图

5-5所示。

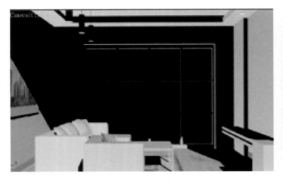

图5-2 导入模型

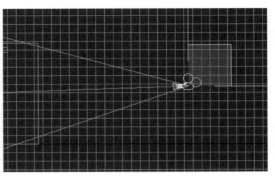

图5-3 创建摄影机

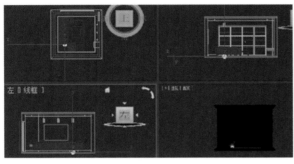

图5-4 建立灯光

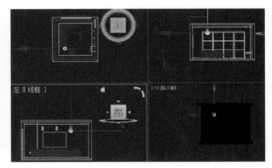

图5-5 调整后灯光位置

操作技巧

为了便于灯光的选择，首先将选对过滤器调整至
L-灯光。

⑥ 在左视图中，使用【选择并移动】工具+【Shift】
键复制两个灯光，在【克隆选项】对话框中选择【实
例】选项，副本数为2，如图5-6所示。

操作技巧

【克隆选项】中的【实例】是更改一个灯光及参数
时被复制的灯光及参数也同时随之改变。

图5-6 复制灯光

⑦ 调整灯光参数。将灯光分布类型更改为统一球型，将灯光颜色更改为暖色调，如图5-7所示。
将灯光强度设置为100cd，如图5-8所示。

⑧ 在灯光修改面板中启用【阴影】选项，就是要将在灯光进行光能传递时，排除掉灯光在场景
中所产生的不同阴影类型，选择【光线跟踪阴影】，如图5-9所示。打开【排除/包含】对话框，如图
5-10所示。例如我们排除沙发和茶几，意思就是在场景中不要产生沙发和茶几的阴影。

⑨ 单击菜单栏【渲染】，在下拉菜单中选择【光能传递】命令，如图5-11所示。打开【渲染设
置】对话框，首先进行【处理】参数设置，如图5-12所示。

⑩ 接下来设置【光能传递网格参数】和【曝光控制】，如图5-13和图5-14所示。

图5-7 灯光设置

图5-8 灯光强度设置

图5-9 阴影选项

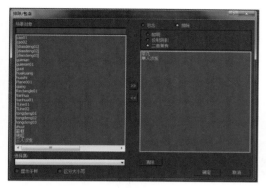

图5-10 【排除/包含】对话框

图5-11 光能传递

图5-12 【处理】参数设置

图5-13 【光能传递网格参数】

图5-14 【曝光控制】

⑪ 设置完成后，单击【开始】按钮进行光能传递计算。

（4）强化记忆快捷键

显示/取消网格：【G】

孤立：【Alt】+【D】

最大化视口切换：【Alt】+【W】

移动并复制：【选择并移动】工具+【Shift】

最大化视图显示：【Z】

平移视图：【Ctrl】+【P】

案例26　目标灯光照亮空间

（1）案例技能演练目的

通过案例演示，了解如何创建目标点光源，如何调整它的亮度和光域网文件的添加方法。

"目标灯光照亮空间"的效果如图5-15所示。

（2）案例技能操作要点

① 创建并修改【目标灯光】。

② 目标灯光参数设置。

图5-15 "目标灯光照亮空间"的效果

③ 导入光域网文件。

（3）案例操作步骤

① 启动3ds Max 2012 中文版，将单位设置成毫米。

② 导入客厅的模型，如图5-16所示。

③ 创建目标灯光。依次单击【创建】 、【灯光】 命令，选择【光度学】灯光，在【对象类型】卷展栏中单击【目标灯光】按钮，在前视图进行创建目标灯光，如图5-17所示。

④ 修改灯光的参数。单击【修改】 命令，进入【修改面板】，在【强度/颜色/衰减】卷展栏中，设置灯光的颜色为241、221、140的淡黄色，如图5-18所示。单击【确定】。

⑤ 接下来单击修改菜单中的【灯光分布】 ，打开此下拉菜单，设置一下光域网。把【统一球形】更改为【光度学 Web】，如图5-19所示。

⑥ 点击【选择光度学文件】 <选择光度学文件> 弹出对话框，选择光域网文件，如图5-20所示。

⑦ 调节灯光的强度cd值，设置为200，如图5-21所示。

⑧ 利用【区域放大】工具 调整灯光位置，如图5-22所示。

操作技巧

光域网文件可以在网络上进行下载。

图5-16 导入模型

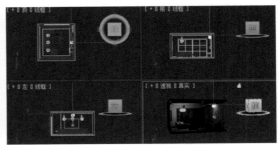

图5-17 添加目标灯光

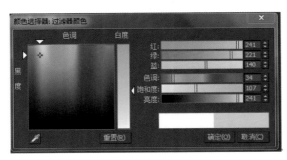

图5-18 灯光过滤色窗口

图5-19 灯光分布类型

操作技巧

在日常生活中，100W的灯泡约等于100cd，cd值代表着灯光的强弱。

图5-20 光度学文件列表

图5-21 灯光强度调节

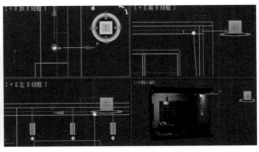

图5-22 调整灯光位置

⑨ 灯光位置调整完毕以后，在顶视图中使用【选择并移动】工具，配合【Shift】键沿Y轴进行拖拽，复制两个相同的灯光。如图5-23所示。副本数为2，单击【确定】。形成如图5-24所示的效果。

⑩ 目标点光源就是要让光向指定的区域进行照射，所以目标点光源的目标点是可以调整的。为了观察，我们将三个目标点光源的目标点以三个不同的角度进行调整，如图5-25所示。

图5-23 【克隆选项】窗口

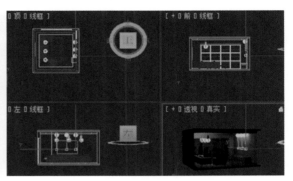

图5-24 复制灯光

操作技巧 💡

　　在进行灯光操作时，应将选择过滤器调整到L-灯光。

⑪ 将光源目标点还原到如图5-24所示的位置。单击菜单栏【渲染】，在下拉菜单中选择【光能传递】命令，如图5-26所示。打开【渲染设置】对话框，如图5-27所示。

⑫ 接下来对如下参数进行设置，如图5-28～图5-30所示。并进行渲染。

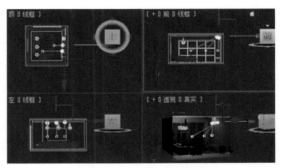

图5-25 光源目标点调整

图5-26 光能传递

图5-27 【渲染设置】对话框

图5-28 处理参数设置

图5-29 曝光控制参数设置

图5-30 【光能传递网格参数】设置

（4）强化记忆快捷键

加选键：【Ctrl】　　　　　　　　　　　　　　减选键：【Alt】

最大化视图显示:【Z】   最大化视口切换:【Alt】+【W】
选择并移动:【W】

案例27   泛光灯照亮空间

（1）案例技能演练目的

通过案例演示，了解创建泛光灯的创建方法，以及灯光参数的设置。

"泛光灯照亮空间"的效果如图5-31所示。

（2）案例技能操作要点

① 创建【泛光灯】。

② 调整【泛光灯】位置。

③ 设置【泛光灯】参数。

（3）案例操作步骤

① 启动3ds Max 2012中文版，将单位设置成毫米。

② 调入一个室内场景，如图5-32所示。

图5-31 "泛光灯照亮空间"的效果

③ 创建泛光灯。依次单击【创建】■、【灯光】■命令，选择【标准】灯光，在【对象类型】卷展栏中单击【泛光灯】按钮，如图5-33所示。在顶视图中单击并按住鼠标左键，然后拖动一段距离，放开鼠标，这样就完成了一盏泛光灯的创建。如图5-34所示。

④ 调整泛光灯的位置。转到左视图，利用【选择并移动】工具将泛光灯移动到房屋空间的正中心位置，如图5-35所示。

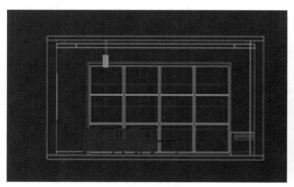

图5-32 创建场景

图5-33 【泛光灯】按钮

操作技巧

泛光灯并不是真正意义的光，为了便于观察，我们一般会在场景中添加泛光灯，泛光灯靠近哪一侧，这一侧的物体便会发暗。泛光灯无法通过光能传递正确计算出光照的效果，效果如图5-36所示。

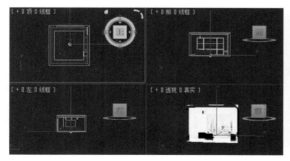

图5-34 添加泛光灯

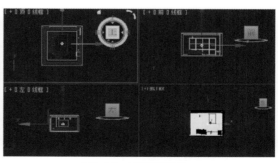

图5-35 调整灯光位置

图5-36 效果

图5-37 【泛光灯】按钮

⑤ 设置泛光灯参数。选择【泛光灯】（图5-37），单击【修改】 ▲命令，进入【修改面板】，在【常规参数】卷展栏中，勾选【阴影】参数栏中的【启用】项。在【强度/颜色/衰减】卷展栏中，设置一下泛光灯的倍增（照明强度）及泛光灯的色彩，如图5-38所示，渲染得到如图5-39所示的效果。

图5-38 设置参数

图5-39 效果

（4）强化记忆快捷键

隐藏灯光：【Shift】+【L】
选择并移动：【W】
旋转视图：【Alt】+【鼠标中键】

快速渲染：【Shift】+【Q】、【F9】
平移视图：【Ctrl】+【P】

第二节 高级灯光设置

从上文的讲解中不难看出，利用3ds Max默认灯光虽然能照亮空间，但是空间效果不够真实，接下来我们就讲解一下利用V-ray灯光制作更高级的真实灯光的方法。

案例28 V-ray灯光制作虚光灯带

（1）案例技能演练目的

通过案例演示，初步了解【VR_光源】 VR_光源 的创建方法，以及基本参数的设定方式。

"带虚光灯带的房间"的效果如图5-40所示。

（2）案例技能操作要点

① 创建【VR_光源】。
②【VR_光源】的参数修改。

图5-40 案例"带虚光灯带的房间"的效果

（3）案例操作步骤

① 打开文件"带窗户的房间"，或自行创建一个带环形吊顶的房间，如图5-41所示。

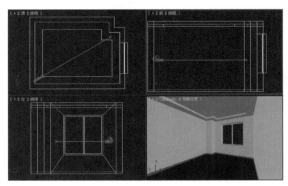

图5-41　房间的初始效果

② 按【F10】键调出【渲染设置】窗口，设定【V-Ray Adv 2.10.01】为【指定渲染器】。调整相关测试参数如图5-42～图5-47所示。

图5-42　【V-Ray：帧缓存】卷展栏参数设置

图5-43　【V-Ray：全局开关】卷展栏参数设置

图5-44　【抗锯齿过滤器】选项卡参数设置

图5-45　【V-Ray：间接照明（全局照明）】卷展栏
参数设置

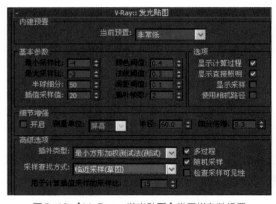

图5-46　【V-Ray：发光贴图】卷展栏参数设置

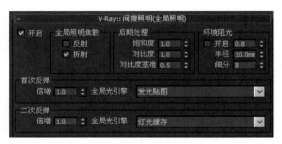

图5-47　【V-Ray：灯光缓存】卷展栏参数设置

③ 单击【命令面板】下【创建】命令，点击【灯光】，在下拉菜单中选择【VRay】，按下【VR_光源】按钮，在【顶视图】创建【VR_光源】：【VR_光源001】，调整其位置到适当的位置，如图5-48所示。

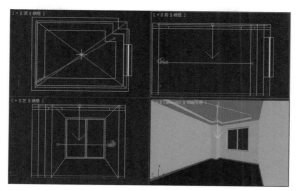

图5-48 【VR_光源001】所在位置

④ 此时（确保【VR_光源001】在被选择状态）单击【命令面板】下【修改】 命令，调整【VR_光源001】的参数，如图5-49～图5-51所示。按【F9】或【Shift】+【Q】进行渲染，最终完成本案例制作。

图5-49 【参数】卷展栏参数

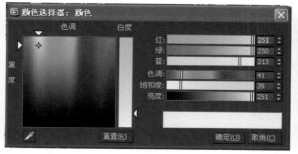

图5-50 【VR_光源001】颜色参数

图5-51 【选项】选项卡参数

在本案例中，仅使用一个光源来照亮房间，这在效果图制作中是不常出现的。如果想要设计制作完整的效果图，还需要在后期进行大量光源和空间设施的设置。而V-ray渲染过程中，每一个小小的改动都会影响空间的明暗感受。这时，我们就需要对已创建的光源进行适当调整。影响【VR_光源】效果的因素有很多，调整【倍增器】 倍增器:数值、【颜色】 颜色:的明暗和【VR_光源】的【大小】 大小数值，都可以调整【VR_光源】的明暗程度。

操作技巧

创建虚光灯带时一定要注意避免曝光过度。

（4）强化记忆快捷键

调出【渲染设置】对话框：【F10】　　　　渲染图像：【F9】或【Shift】+【Q】
最大化视图显示：【Z】　　　　　　　　　选择并移动：【W】
平移视图：【Ctrl】+【P】

案例29　V-ray阳光制作洒满阳光的房间

（1）案例技能演练目的
通过案例演示,初步了解【VR_太阳】 VR_太阳 的创建方法，以及基本参数的设定方式。
"洒满阳光的房间"的效果如图5-52所示。

图5-52 案例"洒满阳光的房间"的效果

（2）案例技能操作要点

① 创建【VR_太阳】。

②【VR_太阳】的参数修改。

（3）案例操作步骤

① 打开文件"带窗户的房间"，或自行创建一个带环形吊顶的房间，如图5-53所示。

② 按【F10】键调出【渲染设置】窗口，按上一案例的设置参数设置渲染参数。

③ 单击【命令面板】下【创建】 命令，点击【灯光】 ，在下拉菜单中选择【VRay】 ，按下【VR_太阳】 按钮，在场景中创建【VR_太阳001】，此时弹出如图5-54所示的【V-Ray Sun】对话框，单击【是】按钮，添加【VR_天空环境贴图】。

④ 调整【VR_太阳001】到如图5-55所示的位置。

⑤ 此时（确保【VR_太阳001】在被选择状态）单击【命令面板】下【修改】 命令，调整【VR_太阳001】的参数，如图5-56所示。按【F9】或【Shift】+【Q】进行渲染，最终完成本案例制作。

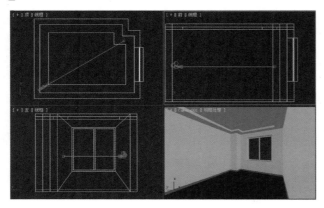

图5-53 房间的初始效果

图5-54 【V-Ray Sun】对话框

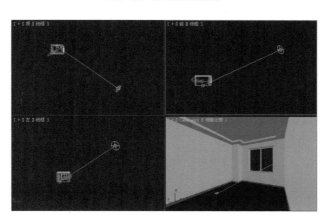

图5-55 【VR_太阳001】所在位置

图5-56 【VR_太阳参数】卷展栏参数

影响【VR_太阳】效果的因素有很多，调整【强度倍增】 强度 倍增 数值，在场景里调整【VR_太阳】的高低、远近和角度，都可以改变【VR_太阳】对场景照明程度的影响。要想使【VR_太阳】出现比较真实的光影效果，则调整【尺寸倍增】 尺寸 倍增 数值，数值越大，则阴影边缘的虚化程度越大，对比效果如图5-57、图5-58所示。

图5-57 【尺寸倍增】数值为1的效果 　　　　　　　图5-58 【尺寸倍增】数值为4的效果

操作技巧

【VR_太阳】的真实性很高，当我们调整其高度和角度时，光线发生变化，【VR_天空环境贴图】的效果也随之改变，如果想要渲染早晨太阳刚刚升起或夕阳西下时阳光的效果，可降低【VR_太阳】的高度，窗口外部则出现与之相配的贴图效果。

（4）强化记忆快捷键

调出【渲染设置】对话框：【F10】 　　　　　　渲染图像：【F9】或【Shift】+【Q】

最大化视图显示：【Z】 　　　　　　　　　　　最大化视口切换：【Alt】+【W】

选择并移动：【W】

案例30 光度学制作真实射灯效果

（1）案例技能演练目的

通过案例演示，初步了解【目标灯光】的创建方法，以及基本参数的设定方式。

"真实射灯效果的房间"的效果如图5-59所示。

（2）案例技能操作要点

① 创建【目标灯光】。

②【目标灯光】的参数修改。

（3）案例操作步骤

① 打开文件"带筒灯的房间"，或自行创建一个带环形吊顶及筒灯的房间，如图5-60所示。

图5-59 案例"真实射灯效果的房间"的效果

② 按【F10】键调出【渲染设置】窗口，按上一案例的设置参数设置渲染参数。

③ 单击【命令面板】下【创建】✹命令，点击【灯光】◤，在下拉菜单中选择【光度学】 光度学 ▾ ，按下【目标灯光】 目标灯光 按钮，在【前视图】中创建【TPhotometricLight001】，并调整它到如图5-61所示的位置。

④ 此时（确保【TPhotometricLight001】在被选择状态）单击【命令面板】下【修改】◪命令，在【常规参数】卷展栏下【灯光分布（类型）】选项卡的下拉三角上单击，选择【光度学Web】，如图5-62所示。

⑤ 然后在更新后的面板上单击【分布（光度学Web）】卷展栏中的【<选择光度学文件>】按钮，如图5-63所示。在弹出的【打开光域Web文件】对话框中选择一个光域网文件（选择素材中的"多光.IES"文件，可出现案例效果），【分布（光度学Web）】卷展栏变化如图5-64所示。

⑥ 用鼠标拖拽面板，修改【强度/颜色/衰减】卷展栏参数为如图5-65、图5-66所示。按【F9】或【Shift】+【Q】进行渲染，效果如图5-67所示。

⑦ 选择【TPhotometricLight001】及【TPhotometricLight001.Target】，在【顶视图】沿X轴向左【实例】复制3个【目标灯光】，如图5-68所示。按【F9】或【Shift】+【Q】进行渲染，效果如图5-69所示。

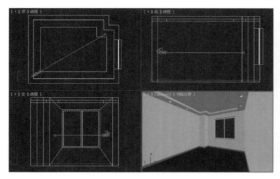

图5-60　房间的初始效果

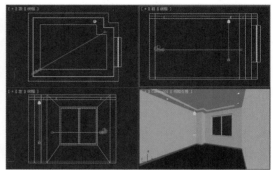

图5-61　【TPhotometricLight001】所在位置

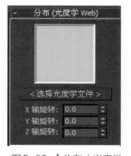

图5-62　【灯光分布（类型）】选项卡

图5-63　【分布（光度学Web）】卷展栏

图5-64　选择文件后【分布（光度学Web）】卷展栏

图5-65　【强度/颜色/衰减】卷展栏参数

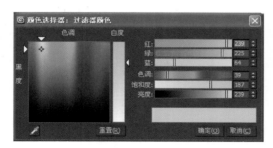

图5-66　【强度/颜色/衰减】卷展栏中【过滤颜色】参数

图5-67　一盏射灯的效果

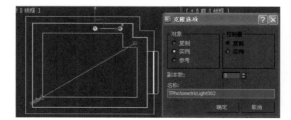

图5-68　【实例】复制3个【目标灯光】

图5-69　四盏射灯的效果

操作技巧 💡

单击【TPhotometricLight001】和【TPhotometricLight001.Target】的连线，即可直接选择整个【目标灯光】。

⑧ 选择现在场景中的4个【目标灯光】，在【顶视图】沿 Y 轴向下【实例】复制1组【目标灯光】，如图5-70所示。调整复制出的灯光组位置，效果如图5-71所示。按【F9】或【Shift】+【Q】进行渲染，最终完成本案例制作。

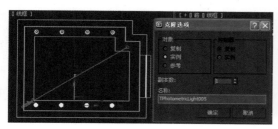

图5-70 【实例】复制1组【目标灯光】

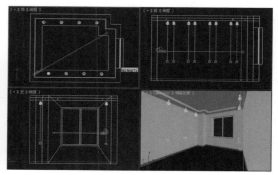

图5-71 【目标灯光】在场景中的位置效果

操作技巧 💡

在制作若干照明效果一致的灯光时，一定要选择【实例】进行复制。因为空间的大小、颜色等特性都将影响光照效果，我们很难不通过反复调试，一次性地设置出合适的灯光参数。通过关联复制对象，我们可以更方便地对整个灯光组进行调整。

（4）强化记忆快捷键

调出【渲染设置】对话框：【F10】　　　　复制对象：按住【Shift】移动

增加选择：按住【Ctrl】选择　　　　　　渲染图像：【F9】或【Shift】+【Q】

最大化视图显示：【Z】　　　　　　　　选择并移动：【W】

案例31 V-ray灯光制作真实台灯

（1）案例技能演练目的

通过案例演示，初步了解【VR_IES】的创建方法，以及基本参数的设定方式。

"真实台灯"的效果如图5-72所示。

（2）案例技能操作要点

① 创建【VR_IES】。

②【VR_IES】的参数修改。

（3）案例操作步骤

① 打开文件"真实的台灯效果"，或自行创建一个带台灯的空间，如图5-73所示。

图5-72 案例"真实台灯"的效果

② 按【F10】键调出【渲染设置】窗口，按上一案例的设置参数设置渲染参数。

③ 单击【命令面板】下【创建】■命令，点击【灯光】■，在下拉菜单中选择【VRay】VRay ▼，

按下【VR_IES】 VR_IES 按钮，在【前视图】中创建【VR_IES001】，并调整它到如图5-74所示的位置。

④ 此时（确保【VR_IES001】在被选择状态）单击【命令面板】下【修改】 📝 命令，在【VR_IES光源参数】卷展栏中进行调整，如图5-75、图5-76所示。在卷展栏中，修改【色彩】可以调整光源颜色，修改【功率】数值可以调整灯光亮度。

⑤ 按【F9】或【Shift】+【Q】进行渲染，最终完成本案例制作。

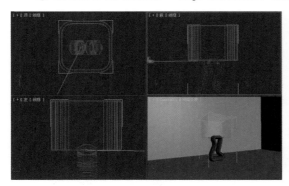

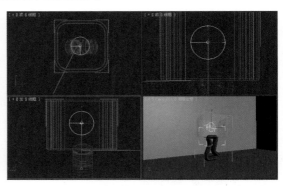

图5-73　台灯初始效果　　　　　　　　　　　　　　图5-74　【VR_IES001】所在位置

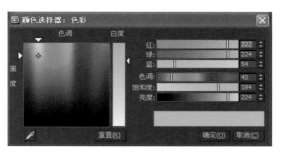

图5-75　参数设置　　　　　图5-76　色彩参数设置

操作技巧 💡

　　如果不想在最终渲染效果中渲染出台灯底座的阴影，可以利用【VR_IES光源参数】卷展栏中的【排除】进行调整。

（4）强化记忆快捷键

调出【渲染设置】对话框：【F10】　　　　　渲染图像：【F9】或【Shift】+【Q】

最大化视图显示：【Z】　　　　　　　　　最大化视口切换：【Alt】+【W】

选择并移动：【W】　　　　　　　　　　　平移视图：【Ctrl】+【P】

第六章
材质的应用

学习目的

　　了解并掌握3ds Max默认材质和V-ray材质的设置方法；明确调整不同参数对材质的影响和产生的变化，能将已调整的材质赋予物体并存储进材质库。

重点难点

　　重点：V-ray材质的设置。
　　难点：多维子材质和材质包裹器的设置及应用。

第一节　材质面板介绍

　　利用3ds Max制作效果图，除了建模、布光外，还需要为模型赋予材质。因为在真实的世界中，物体都是由一些材料构成的，这些材料有颜色、纹理、光洁度及透明度等外观属性。只有给3ds Max中的对象赋予材质后，才能令渲染出的图像看起来更逼真，接下来我们介绍一下3ds Max 2012中文版中的材质面板。

一、3ds Max默认材质面板

　　在3ds Max 2012中文版中，有两个材质编辑器，一个是单击【工具栏】中【材质编辑器】按钮弹出的【Slate材质编辑器】，对话框如图6-1所示。这个编辑器也被称作【板岩材质编辑器】，它是一个全新的材质编辑器界面，它在设计和编辑材质时使用节点和关联以图形方式显示材质的结构，功能更为强大，但也相对难以掌握。这里不再详述。

　　另一个是单击【工具栏】中【材质编辑器】按钮右下角的下拉三角，在弹出的【材质编辑器】按钮上单击，弹出的【材质编辑器】对话框如图6-2所示。

　　也可在【Slate材质编辑器】对话框中

图6-1 【Slate材质编辑器】对话框

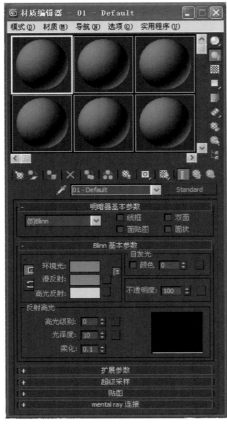

图6-2 【材质编框辑器】对话框

的【菜单栏】中的【模式】按钮上单击，选择弹出菜单的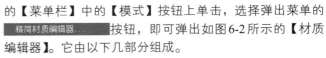按钮，即可弹出如图6-2所示的【材质编辑器】。它由以下几部分组成。

（1）材质样本球区

材质样本球区如图6-3所示，它包括24个样本球和9个控制按钮。

【采样类型】按钮：可控制窗口样本球的显示类型，这里有3种显示方式可供选择，点击按钮右下角即可显示。

【背光】按钮：控制材质是否显示背光照射，比较结果如图6-4所示。

【背景】按钮：控制样本球是否显示透明背景，该功能主要针对透明或反射材质，如图6-5所示。

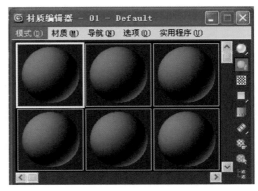

图6-3 材质样本球区

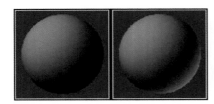

图6-4 显示背光与不显示背光的对比

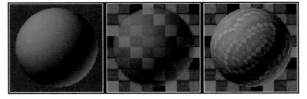

图6-5 显示背景的对比

【采样UV平铺】按钮：可控制编辑器中材质重复显示的次数，这里有4种显示方式可供选择，点击按钮右下角即可显示，可影响材质球的显示而不影响赋给该材质的物体。

【视频颜色检查】按钮：检查无效的视频颜色。

【生成预览】按钮：控制是否能够预览动画材质。

【选项】按钮：单击该按钮，将弹出【材质编辑器选项】对话框，如图6-6所示。在这里可以对样本球进行设定，还可以设定在材质编辑器中显示材质球的数目（3×2、5×3或6×4）。

【按材质选择】按钮：单击该按钮，将弹出如图6-7所示的【选择对象】对话框。

【材质/贴图导航器】按钮：单击此按钮将弹出【材质/贴图导航器】窗口，显示当前材质和贴图的分级目录，单击某级目录可直接到该级进行编辑，如图6-8所示。

（2）【材质编辑器】工具栏区

材质样本球区的下面为【材质编辑器】的工具栏区，其中陈列着进行材质编辑的最重要的工具，如为对象赋予材质、保存材质等功能，如图6-9所示。

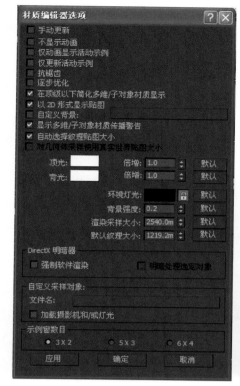

图6-6 【材质编辑器选项】对话框

图6-7 【选择对象】对话框

图6-8 【材质/贴图导航器】窗口

图6-9 【材质编辑器】工具栏

【获取材质】按钮：单击此按钮，弹出【材质/贴图浏览器】对话框，如图6-10所示，可以为当前被选材质球选择一个材质或贴图。也可单击【材质编辑器】的工具栏区右下角的 Standard 按钮，弹出【材质/贴图浏览器】对话框。在对话框中可以选择不同的材质或贴图，每选择一个不同的材质，参数区域都会有所变化。

【将材质放入场景】按钮：将编辑好的材质放入场景，用材质编辑器中的当前材质更新场景中材质的定义。

【将材质指定给选定对象】按钮：这是工具栏中最重要的按钮，它可以为选定的对象赋予选定的材质，但需注意此按钮只在选定对象后才有效。

　　【重置贴图/ 材质为默认设置】 ⊠ 按钮：恢复材质/ 贴图为默认设置，恢复当前样本窗口为默认设置。当被选材质球上的材质未被赋予给场景中的对象时，单击此按钮将弹出如图6-11所示的【材质编辑器】对话框。单击【是】按钮，即可删除所编辑的材质。当被选材质球上的材质被赋予给场景中的对象时，单击此按钮将弹出如图6-12所示的【重置材质/贴图参数】对话框。当选择第一个选项后单击【确定】按钮时，场景中和【材质编辑器】中的材质均会被删除；当选择第二个选项再单击【确定】按钮时，场景中的材质不会受到影响，仅会删除【材质编辑器】中的材质，这特别适用于场景材质数目多于材质球数目的情况。如果还想编辑存在于场景中，但已在【材质编辑器】中删除的材质，我们可以利用【材质编辑器】的工具栏区下方左侧的【从对象拾取材质】 ⁄ 按钮，在场景里找回材质，进行编辑。

图6-10 【材质/ 贴图浏览器】对话框

图6-11 【材质编辑器】对话框

图6-12 【重置材质/贴图参数】对话框

　　【生成材质副本】 ▦ 按钮：单击此按钮，将当前的同步材质在同一个材质球中再复制一个同样参数的非同步材质。此按钮只能对同步材质使用。

　　【使唯一】 ▦ 按钮：我们在进行贴图编辑时，有时会利用【实例】复制一个贴图来进行编辑。对于进行【实例】复制的贴图，可以通过此按钮将贴图之间的【实例】关系取消，使它们各自独立。

　　【放入库】 ▦ 按钮：单击此按钮可以反复修改后得到的材质存放到材质库中保存起来，以便将来调用使用。

　　【材质ID 通道】 ▣ 按钮：赋给材质通道。

　　【在视口中显示明暗处理材质】 ▦ 按钮：单击它可在视图中显示明暗处理的材质。单击按钮右下角的下拉三角可弹出【在视口中显示真实材质】 ▦ 按钮，单击它可在视图中显示真实材质。激活这两个按钮都会消耗很多显存，后者占用的电脑资源更多。

　　【显示最终效果】 ▮ 按钮：3ds Max 中的很多材质都是由基本材质和多种贴图材质组成的，利用此按钮可以在样本窗口中显示最终的效果。

【转到父对象】按钮：当在一个材质的下一级材质中时，此按钮有效。单击此按钮可以回到上一级材质。

【转到下一个同级项】按钮：当在一个材质的下一级材质中时，此按钮有效。单击此按钮可以到另一个同级材质中去。

【材质球名称】对话框：显示被选择材质球的名称，也可为选择的材质球重新命名。

（3）参数控制区

【材质编辑器】的工具栏区的下方是如图6-13所示的参数控制区，它由多个卷展栏组成，通过调整其中的参数，可以对材质样本球区中的材质球进行编辑。

①【明暗器基本参数】卷展栏　【明暗器基本参数】卷展栏由明暗器类型和显示效果两大部分组成，如图6-14所示。其中明暗器类型又称阴影类型或反光类型，它是标准材质的最基本属性，在3ds Max 2012中文版中提供了8种模拟不同物体反光效果的类型和4种显示效果。

每当我们选择一种明暗器类型，【明暗器基本参数】卷展栏下方的卷展栏都会随之变化。下面就来依次介绍每一种明暗器类型的具体应用。

【（B）Blinn】明暗器：如图6-15所示，是3ds Max 2012中文版中默认的明暗器类型，是以光滑的方式进行表面渲染，常用于表现坚硬光滑的物体表面，适合大多数普通对象的渲染。

【（A）各向异性】明暗器：如图6-16所示，这个明暗器的大多数参数与【（B）Blinn】明暗器的参数一样。对应的【各向异性基本参数】卷展栏中【反射高光】下的【各向异性】值越高，高光区形状越狭长。这种渲染属性可以很好地表现毛发、玻璃和被擦拭过的金属等模型效果。

【（M）金属】明暗器：如图6-17所示，专用于金属材质的制作，可以模拟金属表面非常强烈的光泽。通过设置参数可使材质球有明显的高光与阴影的边界变化，是专门用作金属的着色方式。

【（ML）多层】明暗器：如图6-18所示，它有两个高光反射层，每一个反光都可以拥有不同的颜色和角度，通过高光区域的分层，可以创建很多不错的特效，通常为表面特征复杂的对象进行着色。

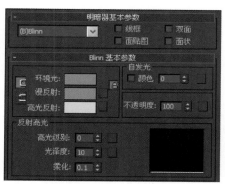

图6-15　【（B）Blinn】明暗器卷展栏

图6-13　参数控制区

图6-14　【明暗器基本参数】卷展栏

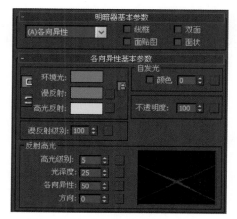

图6-16　【（A）各向异性】明暗器卷展栏

　　【（O）Oren-NayarBlinn】明暗器：如图6-19所示，常用来表现织物、陶制品等不光滑粗糙物体的表面。

　　【（P）Phong】明暗器：如图6-20所示，【（P）Phong】明暗器的参数与【（B）Blinn】明暗器的参数一样，也是以光滑的方式进行表面渲染。区别是，它所呈现的反光是柔和的，而【（B）Blinn】明暗器多为冷光。

　　【（S）Strauss】明暗器：如图6-21所示，也多用于制作金属材质，参数比【（M）金属】明暗器要少，只有4个参数：【颜色】、【光泽度】、【金属度】和【不透明度】。但比【（M）金属】明暗器做出的金属质感要好。

　　【（T）半透明明暗器】：如图6-22所示，【（T）半透明明暗器】与【（B）Blinn】明暗器类似，最大的区别在于允许光线相对容易地穿透对象。一般用于薄而扁平的对象，如窗帘、毛玻璃效果。也可以用作玉石、蜡烛等半透明材质的制作。

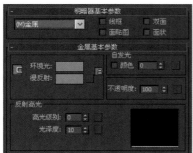

图6-17 【（M）金属】明暗器卷展栏

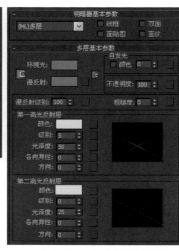

图6-18 【（ML）多层】明暗器卷展栏

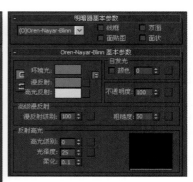

图6-19 【（O）Oren-NayarBlinn】
明暗器卷展栏

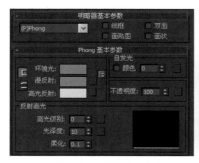

图6-20 【（P）Phong】
明暗器卷展栏

图6-21 【（S）Strauss】
明暗器卷展栏

图6-22 【（T）半透明明暗器】
卷展栏

　　介绍完明暗器类型的具体应用，下面再分别介绍4种显示效果选项的作用。

　　【线框】█线框选项：勾选它，3ds Max将以网格线框的方式渲染物体，只能渲染出物体的线架结构。对于线框的粗细，可由【扩展参数面板】中的【线框】选项来调节。

　　【双面】█双面选项：勾选它，3ds Max将会渲染所选对象的物体法线两面。在默认状态下，为了简化计算，3ds Max通常只渲染物体的外表面，这对大多数的物体都适用。但对有些敞开的物体，如花瓶等容器，在默认渲染状态下，其内壁不会看到材质的效果，这时就需要勾选【双面】█双面选项。

　　【面贴图】█面贴图选项：勾选它，3ds Max会将材质指定给物体所有的面，如果是一个贴图材质，则物体表面的贴图坐标会失去作用，贴图会分布在物体的每一个面上。

【面状】■面状选项：它提供更细级别的渲染方式，渲染速度极慢，如果没有特殊品质的高精度要求，一般不要勾选它。

②【扩展参数】卷展栏　无论我们选择上文中的哪种明暗器，在【扩展参数】卷展栏中的参数都相同。它是【明暗器基本参数】卷展栏的延伸，用于增强对线框图、透明效果和反射光线的控制，如图6-23所示。

【高级透明】选项组：主要用于控制透明材质的不透明衰减度设置。其中的【衰减】部分用来控制物体内部和外部透明的程度。【内】单选按钮用来规定物体由边缘向中心增加透明的程度，比如玻璃的效果；【外】单选按钮规定物体由中心向边缘增加透明的程度，类似云雾的效果；【数量】可以控制物体中心和边缘的透明度哪一个更强。而【类型】部分，则用来控制透明的类型。【过滤】会根据一种过滤色在物体的表面上色；【相减】根据背景色减去材质的颜色，使材质后面的颜色变暗；【相加】将材质颜色加到背景色中，使材质后面的颜色变亮。

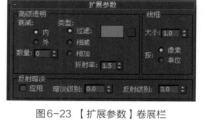

图6-23 【扩展参数】卷展栏

【线框】选项组：主要用来对【线框】■线框选项进行编辑。其中，【大小】用来设置线框的粗细；【像素】和【单位】两个单选按钮控制线框粗细的单位。

【反射暗淡】选项组：用来控制反射模糊效果，数值可通过【暗淡级别】和【反射级别】来控制。

图6-24 【超级采样】卷展栏

③【超级采样】卷展栏　如图6-24所示，超级采样功能可以显著提升场景对象的渲染质量，并对材质表面进行抗锯齿计算。但激活后会大大增加渲染的时间，所以一般情况下，我们只有在最终渲染结果有明显的锯齿时才使用它。在默认状态下，超级采样原为关闭，需要打开时，勾选掉【使用全局设置】即可。

④【贴图】卷展栏　它就是一个如图6-25所示的贴图列表。为让材质获得理想的效果，我们可以通过【贴图】卷展栏为同一个材质球复合设置多种贴图方式。

它可以设置12种贴图方式，其名称从上至下分别为：【环境光颜色】、【漫反射颜色】、【高光颜色】、【高光级别】、【光泽度】、【自发光】、【不透明度】、【过滤色】、【凹凸】、【反射】、【折射】和【置换】。名称右侧的【数量】控制贴图的程度，如【反射】贴图，数值为100时表示完全反射，数值为30时表示以30%的透明度进行反射。一般最大值都为100（表示百分比值），只有【凹凸】贴图除外，它的最大值为999。在【数量】右侧有一个长方形按钮，单击它可以弹出【材质/贴图浏览器】对话框。

⑤【mental ray连接】卷展栏　利用如图6-26所示的卷展栏，可以向常规的3ds Max材质添加mental ray着色。但这些效果只能在使用mental ray渲染器时看到。

图6-25 【贴图】卷展栏

图6-26 【mental ray连接】卷展栏

二、V-ray基础材质面板

V-ray材质虽然是V-ray插件中的重要组成部分，当我们在【渲染设置】中将【V-Ray Adv 2.10.01】设置为3ds Max 2012软件的默认渲染器时，在【材质/贴图浏览器】对话框中即可出现【V-Ray Adv 2.10.01】的系列材质，如图6-27所示。我们在这部分主要介绍V-ray渲染系统的专用材质——【VRay Mtl】 VRayMtl 材质。

打开3ds Max 2012中文版，调出【材质编辑器】。选择一个材质球，单击【材质编辑器】的工具栏区右下角的 Standard 按钮，在弹出【材质/贴图浏览器】对话框中选择【VRay Mtl】 VRayMtl 材质，此时【材质编辑器】界面如图6-28所示。

（1）【基本参数】卷展栏

【基本参数】卷展栏是【VRay Mtl】 VRayMtl 材质设置的基础，它由多个选项组组成，最上方有明显的V-ray标志。

①【漫反射】选项组 在如图6-29所示的【漫反射】选项组中，通过调整材质的【漫反射】颜色，可以调整材质的颜色。单击色块后的贴图通道按钮■，可以附加一个贴图。此时【漫反射】颜色将失去作用，即渲染时贴图优先于颜色，此规则适用于相同格式的参数设置。

【粗糙度】则控制物体表面的粗糙程度，值越高，表面越粗糙。

②【反射】选项组 如图6-30所示的【反射】选项组主要用于设置具备反射特性的抛光石材、金属、玻璃等材质。

【反射】的色彩为黑色的话，表示完全不反射，颜色越浅，反射越强。纯白色表示100%的反射。如果是其他有彩色的话，则反射出所设置的颜色。

【高光光泽度】：把【高光光泽度】后面的锁打开，则可以调整材质的高光效果，数值可以在0～1之间进行调整，数值越大高光亮点越小，值越小越模糊，高光范围越大。

操作技巧

【高光光泽度】只有在场景当中设置了灯光时，才会出现高光点效果，天光不会有高光产生。

【反射光泽度】：表示物体的反射模糊程度，也是在0～1之间进行调整，值为0时反射效果非常模糊。数值越大表示反射越清晰，当数值为1时，将关掉光泽度数值。

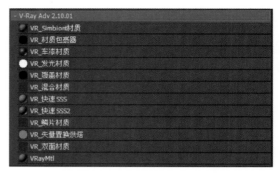

图6-27 【V-Ray Adv 2.10.01】系列材质

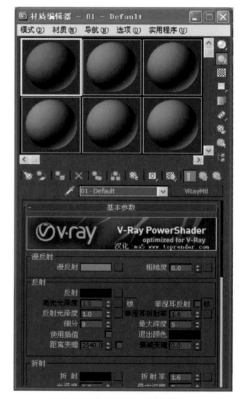

图6-28 【VRay Mtl】材质界面

图6-29 【漫反射】选项组

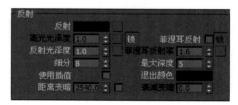

图6-30 【反射】选项组

操作技巧

打开【反射光泽度】将增加渲染时间。

【细分】：它控制光线的数量，作出有光泽的反射估算。【细分】值越高，图像中的噪点越少，当【反射光泽度】值为1.0时，这个【细分】值会失去作用。

操作技巧

当【细分】值为8时，表示8×8=64个采样数，【细分】值为20时，表示20×20=400个采样数，增大其一倍，需要增加4倍的时间来进行渲染。

【菲涅耳反射】：默认状态下被锁定，当这个选项被激活时，反射将具有真实世界的玻璃反射。

【最大深度】：可以理解为反射的次数，当为1时，表示反射进行1次就停止了，停止之后的颜色用【退出颜色】来代替。

③【折射】选项组　【折射】选项组如图6-31所示。

【折射】：表现材质的透明程度。与【反射】相似，纯黑色表示物体没有折射现象，也就是说不透明。纯白色表示完全透明。当折射的颜色为纯白时，物体完全透明，物体的漫射色彩不被显示。当折射色彩不是纯白色时，漫射的物体色彩可以显示，但会受到透明程度的影响。

【折射率】：折射就是光线通过物体所发生的弯曲现象。光线被弯曲多少是由这个物体的折射率来决定的，这个值确定材质的折射率。越高的折射率光线的弯曲程度越大，1.0表示光线不会发生弯曲。我们可以通过输入准确的【折射率】参数，来进行更准确的材质设置，做逼真的折射效果。下面附上常见材质的折射率表，如表6-1所示。

图6-31　【折射】选项组

表6-1　常见材质的折射率

材质	折射率	材质	折射率
水	1.33	冰	1.309
塑料	1.460	玻璃	1.517～1.66
玉髓	1.530	玛瑙	1.544
琥珀	1.546	黄水晶	1.550
翡翠	1.576	绿玉	1.577
红宝石	1.760	钻石	2.417

【烟雾颜色】：利用【烟雾颜色】调节材质颜色的深浅，较厚的部位会比较薄的部位颜色更暗。此项的敏感程度很高，很淡的颜色就会有很明显的效果。

【烟雾倍增】：雾的颜色倍增器。数值越小烟雾颜色越透明。

【烟雾偏移】：一般使用默认颜色，通过更改参数可以创建出类似蜡烛的材质。

【影响阴影】：勾选该项，可产生透明的阴影。

④【半透明】选项组　如图6-32所示的【半透明】选项组，用来控制物体的次表面散射效果，也就是通常说的SSS。单击【类型】右侧下拉三角 ，可调出三种类型：【硬（蜡）模型】、【软（水）模型】和【混合模型】。

【背面颜色】：可设置背面的颜色。

【厚度】：用来控制光线在物体内部被追踪的深度，也可以理解为光线的最大穿透能力。较大的值，会让整个物体被光线穿透；而较小的值，会让物体比较薄的地方产生次表面散射现象。

【散射系数】：物体内部的散射光线方向。0表示在表面下的光线将向各个方向上散射；1表示光线跟初始光线的方向一致，而不考虑物体内部的曲面。

【前/后分配比】：控制光线在物体内部的散射方向。0表示光线沿着灯光发射的方向向前散射；1表示光线沿着灯光发射的方向向后散射；0.5表示各占一半。

图6-32　【半透明】选项组

图6-33 【RBDF-双向反射分布功能】卷展栏

【灯光倍增】：光线穿透能力的倍增值，值越大散射效果越强。

（2）【RBDF-双向反射分布功能】卷展栏

如图6-33所示的【RBDF-双向反射分布功能】卷展栏主要用于控制物体表面的反射特性。当反射里的颜色不为黑色和反射模糊不为1时，这个功能才有效。

关于RBDF现象，在物理世界中到处可见，如图6-34、图6-35所示的不锈钢材质，图6-34未设置【RBDF-双向反射分布功能】参数，图6-35在【RBDF-双向反射分布功能】中设置了 各向异性(-1..1) -0.7 参数，材质表面有锥型的高光，显示出比较真实的拉丝效果，这就是【RBDF-双向反射分布功能】的作用。

图6-34 未设置【各异向性】参数的效果

图6-35 设置【各异向性】参数后效果

（3）【选项】卷展栏

如图6-36所示是【选项】卷展栏，它可以控制一些材质属性是否起作用。

如【跟踪反射】可以开启和关闭反射开关。【跟踪折射】可以开启和关闭折射开关。【双面】可以假定所有的几何体的表面作为双面。【背面反射】则强制V-ray总是跟踪反射（甚至表面的背面）。注意：只有打开它（the Reflect on back side），背面反射才会起作用。

（4）【贴图】卷展栏

如图6-37所示的【贴图】卷展栏用法与3ds Max默认材质中的【贴图】卷展栏基本一致，请参考前文，在这里就不多加介绍了。

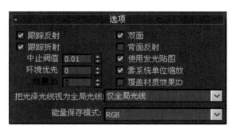

图6-36 【选项】卷展栏

图6-37 【贴图】卷展栏

三、贴图坐标

在我们效果图制作的实践操作中，会出现给对象赋予材质后但渲染无效的情况，这时就需要使用贴图坐标。

（1）默认选项

在任意标准几何体的【参数】卷展栏下都有【生成贴图坐标】 ☑生成贴图坐标 选项，默认情况下，它在被选择状态。

（2）【UVW贴图】修改器

贴图坐标用于指定创建对象上贴图的位置、方向及大小。坐标通常以U、V和W来标识，其中U表示水平维度，V表示垂直维度，W表示深度。在对象创建完毕后赋予其参数如图6-38、图6-39所示的【UVW贴图】修改器，并适当调整参数即可达到修改目的。

使用【UVW贴图】修改器可执行以下操作：

一是对指定贴图通道上的对象应用七种贴图坐标之一，二是对不具有贴图坐标的对象（例如导入的网格）应用贴图坐标，三是在子对象层级应用贴图。

如果希望贴图重复，如创建地面或墙面瓷砖，可以使用【U向平铺】、【V向平铺】、【W向平铺】。不需要创建一个大贴图，可在没有可见缝的大区域表面上平铺无缝贴图，从而实现大贴图的效果。

图6-38 【UVW贴图】
修改器参数面板（一）

图6-39 【UVW贴图】
修改器参数面板（二）

第二节　材质设置及应用

上面，我们介绍了3ds Max 2012中文版中的材质面板。那么如何调节材质面板参数，制作较为真实的材质效果呢？接下来，我们将利用一些案例来具体讲解材质的设置方法。

案例32　【位图】材质——制作装饰画

（1）案例技能演练目的

通过案例演示，初步了解【位图】材质的应用方法，以及基本参数的设定方式。

"装饰画"的效果如图6-40所示。

（2）案例技能操作要点

① 创建【位图】材质。

②【位图】材质——装饰画的参数修改。

（3）案例操作步骤

① 打开文件"位图材质——装饰画案例"，或自行创建一个装饰画框，如图6-41所示。

图6-40 案例"装饰画"的效果

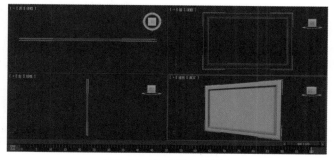

图6-41 装饰画的初始效果

② 点击前视图中的装饰画的面，按【M】键调出【材质编辑器】窗口，选择一个新材质球设置如图6-42～图6-45所示。

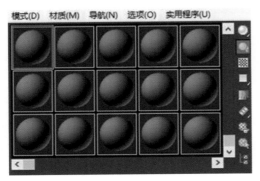

图6-42 【材质编辑器】

图6-43 【Blinn基本参数】漫反射参数设置

图6-44 【材质/贴图浏览器】参数设置

图6-45 【位图】选择贴图

③ 单击【材质编辑器】工具栏中的【将指定材质给选定对象】按钮，将调解好的材质赋给模型。如图6-46所示，按【F9】或【Shift】+【Q】进行渲染，最终完成本案例制作。

操作技巧

【位图】材质的应用很广泛，如墙面的挂画及墙面壁纸等。

（4）强化记忆快捷键
调出【材质编辑器】对话框：【M】
渲染图像：【F9】或【Shift】+【Q】
最大化视图显示：【Z】
最大化视口切换：【Alt】+【W】
选择并移动：【W】
平移视图：【Ctrl】+【P】

操作技巧

选取画框时要选装饰画中心，不要选到边框位置。

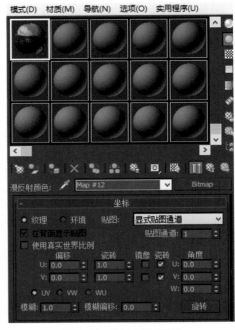

图6-46 将材质赋予模型

案例33 【平铺】材质——制作大理石地面

（1）案例技能演练目的

通过案例演示，初步了解【平铺】材质——大理石材质球的创建方法，以及基本参数的设定方式。

"大理石地面"的效果如图6-47所示。

（2）案例技能操作要点

① 创建材质球。

② 材质球的参数修改。

（3）案例操作步骤

① 单击【M】键调出材质编辑器，选择一个材质球，将其命名为"大理石"如图6-48所示。

② 单击【漫反射】右侧的贴图按钮，为其添加一个【平铺】贴图，如图6-49所示。

③ 在【平铺】贴图的【纹理】里贴【位图】，并调整【水平数】和【垂直数】均为1.0，【水平间距】和【垂直间距】均为0.05，如图6-50所示。

④ 返回上一步操作。如图6-51所示。

⑤ 单击【反射】右侧的贴图按钮，为其添加一个【衰减】贴图，【衰减类型】为Fresnel。如图6-52所示。

图6-47 案例"大理石地面"效果

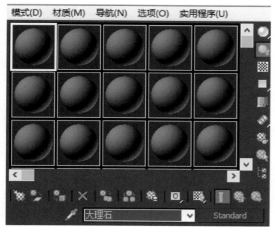

图6-48 大理石材质球

图6-50 【平铺】贴图参数设置

图6-49 【漫反射】通道贴图

图6-51 返回按键指示

图6-52 衰减参数

⑥ 在【贴图】卷展栏的下方将【漫反射】通道的贴图复制到【凹凸】通道，并将凹凸值设置为15。如图6-53所示。

⑦ 在【修改器列表】中添加一个【UVW贴图】，选中【长方体】按钮，调整长度和宽度均为800.0mm。如图6-54所示。

⑧ 将材质赋给模型。

（4）强化记忆快捷键

调出【材质编辑器】对话框：【M】

渲染图像：【F9】或【Shift】+【Q】

最大化视图显示：【Z】

最大化视口切换：【Alt】+【W】

平移视图：【Ctrl】+【P】

旋转视图：【Alt】+【鼠标中键】

图6-53　反射贴图

图6-54　【UVW贴图】参数设置

案例34　【多维/子对象】材质——制作咖啡杯

（1）案例技能演练目的

通过案例演示，初步了解【多维/子对象】材质的应用方法，以及制作咖啡杯基本参数的设定方式。

"咖啡杯"的效果如图6-55所示。

（2）案例技能操作要点

① 创建【多维/子对象】材质。

②【多维/子对象】材质——咖啡杯的参数修改。

（3）案例操作步骤

【多维/子对象】材质主要用于有ID编号的网格对象，可以按ID号分别赋予它们不同部分的子材质。

① 选择模型，单击【M】键调出【材质编辑器】，选择一个空白材质球，单击Standard，选择【多维/子对象】，如图6-56～图6-58所示。

② 自动弹出窗口时，选择【将旧材质保存为子材质】，如图6-59所示。

图6-55　案例"咖啡杯"的效果

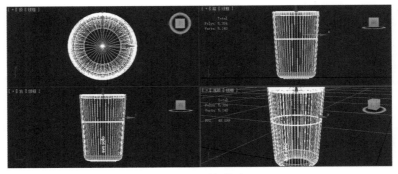

图6-56　选择模型

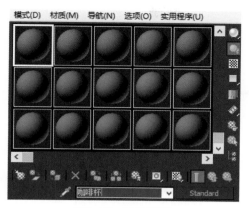

图6-57　创建材质球

图6-58　【多维/子对象】

图6-59　设置选项

③ 选中模型，【右键】选择【转换为可编辑多边形】，如图6-60所示。

④ 选中模型要赋予的材质面，编辑ID号为1，如图6-61、图6-62所示。

⑤ 在【多维/子对象基本参数】设置ID号跟【可编辑多边形】设置的ID号相同，并在【子材质】上赋予所需要的材质，如图6-63所示。

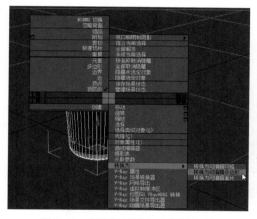

图6-60　右键【转换为可编辑多边形】

图6-61　编辑ID号1

图6-62　编辑ID号2

图6-63　参数设置

⑥ 将材质赋给模型。

（4）强化记忆快捷键

调出【材质编辑器】对话框：【M】

渲染图像：【F9】或【Shift】+【Q】

 操作技巧

注意材质ID号的编辑以确保材质的正确赋予。

孤立：【Alt】+【D】　　　　　　　最大化视图显示：【Z】

最大化视口切换：【Alt】+【W】　　平移视图：【Ctrl】+【P】

旋转视图：【Alt】+【鼠标中键】

案例35 【VR灯光材质】——异形灯带

（1）案例技能演练目的

通过案例演示，初步了解【VR灯光材质】的创建方法，以及基本参数的设定方式。

"异形灯带的吊顶"的效果如图6-64所示。

（2）案例技能操作要点

① 创建【VR灯光材质】。

② 灯带材质球的参数修改。

（3）案例操作步骤

① 选定要赋予材质的模型，单击【M】弹出【材质编辑器】窗口，选择第一个未用材质球，将当前材质指定为【VR灯光材质】，并将其命名为"灯带"。如图6-65、图6-66所示。

图6-64　案例"异形灯带的吊顶"的效果

② 单击【Standard】，将当前材质指定为【VR灯光材质】，如图6-67所示。

③ 在【VR灯光材质】下，调整颜色，如图6-68、图6-69所示。

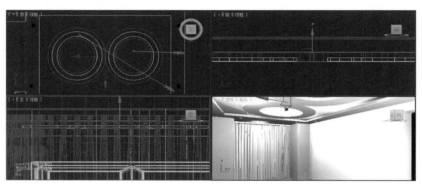

图6-65　选定模型

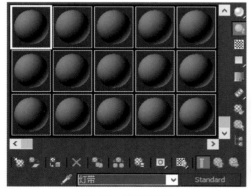

图6-66　材质球设定

图6-67　设定材质类型

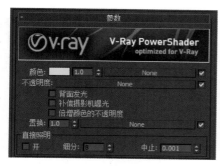

图6-68 【VR灯光材质】参数

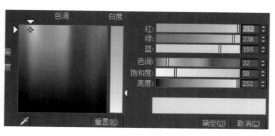

图6-69 颜色调整

④ 将材质赋给模型。

（4）强化记忆快捷键

调出【材质编辑器】对话框：【M】

最大化视图显示：【Z】

渲染图像：【F9】或【Shift】+【Q】

平移视图：【Ctrl】+【P】

案例36 【VR材质包裹器】——照亮房间的电视机

（1）案例技能演练目的

通过案例演示，初步了解【VR材质包裹器】的使用方法，以及基本参数的设定方式。

"照亮房间的电视机"的效果如图6-70所示。

（2）案例技能操作要点

①【VR材质包裹器】的位置。

②【VR材质包裹器】的参数修改。

（3）案例操作步骤

① 选择要赋予【VR材质包裹器】的材质球，单击Standard，找到【VR材质包裹器】，如图6-71所示。

② 自动弹出窗口时，选择【将旧材质保存为子材质】，如图6-72所示。

图6-70 案例"照亮房间的电视机"的效果

图6-71 【VR材质包裹器】位置

图6-72 设置选项

③ 在【VR材质包裹器参数】卷展栏的下方将【生成全局照明】参数设置为0.6（一般不低于0.5），如图6-73所示。

④ 将材质赋给模型。

（4）强化记忆快捷键

调出【材质编辑器】对话框：【M】

渲染图像：【F9】或【Shift】+【Q】

最大化视图显示：【Z】

操作技巧

为防止材质产生色溢，会给材质添加材质包裹器，本案例中，则是为了让电视机屏幕的亮度照亮房间而不会曝光过度。

最大化视口切换：【Alt】+【W】
平移视图：【Ctrl】+【P】
旋转视图：【Alt】+【鼠标中键】

案例37 乳胶漆材质

（1）案例技能演练目的

通过案例演示，初步了解乳胶漆材质的创建方法，以及乳胶漆材质基本参数的设定方式。

"乳胶漆材质"的墙面效果如图6-74所示。

（2）案例技能操作要点

① 创建乳胶漆材质球。

② 乳胶漆材质球的参数修改。

（3）案例操作步骤

① 单击【M】弹出【材质编辑器】窗口，选择第一个材质球，单击【Standard】按钮，在弹出的【材质/贴图浏览器】对话框中选择【VR材质】。如图6-75、图6-76所示。

② 将材质命名为"白乳胶漆"，设置【漫反射】的颜色值为（R：245，G：245，B：245），而不是纯白色，这是因为墙面不可能全部发光；设置【反射】的颜色值为（R：23，G：23，G：23）；在【选项】卷展栏下，取消选中【跟踪反射】复选框，其他参数设置如图6-77～图6-80所示。

③ 将材质赋给墙体模型如图6-81所示。

④ 将材质赋给模型。

操作技巧

在调制材质时，主要是以【VR材质】为主。这要求在调制材质前，必须先在【渲染设置】窗口中将V-ray指定为当前渲染器，否则【材质/贴图浏览器】对话框中将不会出现【VR材质】。

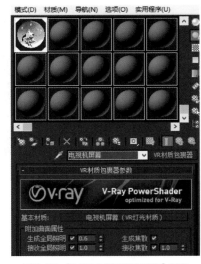

图6-73 【VR材质包裹器参数】设置

图6-74 "乳胶漆材质"的墙面效果

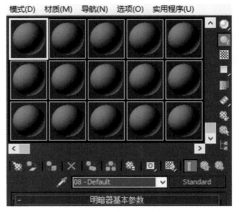

图6-75 材质球选择

图6-76 【材质/贴图浏览器】

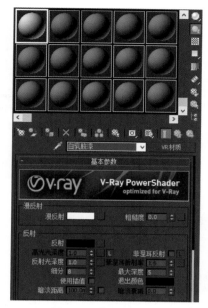

图6-77 命名材质名称

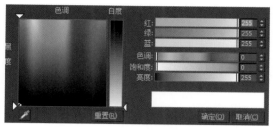

图6-78 【漫反射】参数值

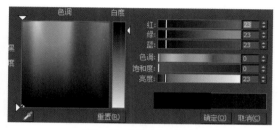

图6-79 【反射】参数值

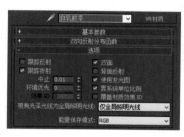

图6-80 【选项】卷展栏

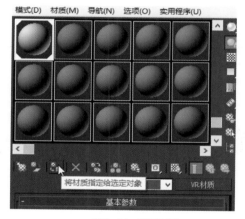

图6-81 赋予材质

（4）强化记忆快捷键

调出【材质编辑器】对话框：【M】

最大化视图显示：【Z】

平移视图：【Ctrl】+【P】

旋转视图：【Alt】+【鼠标中键】

渲染图像：【F9】或【Shift】+【Q】

最大化视口切换：【Alt】+【W】

案例38 玻璃

（1）案例技能演练目的

通过案例演示，初步了解玻璃材质的创建方法，以及玻璃材质参数的设定方式。

"玻璃材质花瓶"的效果如图6-82所示。

图6-82 案例"玻璃材质花瓶"的效果

（2）案例技能操作要点

① 创建玻璃材质球。

② 玻璃材质球的参数修改。

（3）案例操作步骤

① 单击【M】弹出【材质编辑器】窗口，选择第一个未用材质球，将当前材质指定为【VR材质】，并将其命名为"玻璃"。如图6-83所示。

② 设置参数【反射】为白色，【漫反射】为黑色，【反射光泽度】0.95，【高光光泽度】0.9，勾选【菲涅耳反射】；【折射】为白色。如图6-84～图6-87所示。

③ 将材质赋给模型。

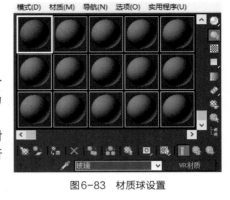

图6-83 材质球设置

图6-84 设置参数

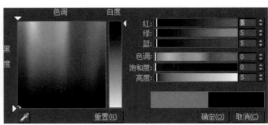

图6-85 【漫反射】参数

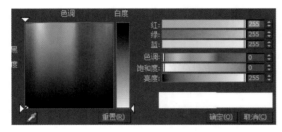

图6-86 【反射】参数

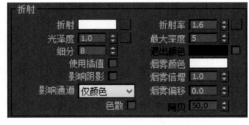

图6-87 【折射】参数

（4）强化记忆快捷键

调出【材质编辑器】对话框：【M】

渲染图像：【F9】或【Shift】+【Q】

最大化视图显示：【Z】

最大化视口切换：【Alt】+【W】

平移视图：【Ctrl】+【P】

旋转视图：【Alt】+【鼠标中键】

操作技巧 ⋅ऀ⋅

玻璃类材质，多注意漫反射和反射参数的调整。

案例39 不锈钢材质

（1）案例技能演练目的

通过案例演示，了解不锈钢材质的创建方法，以及不锈钢材质参数的设定方式。

"不锈钢材质饰品"的效果如图6-88所示。

（2）案例技能操作要点

① 创建不锈钢材质球。

图6-88 案例"不锈钢材质饰品"的效果

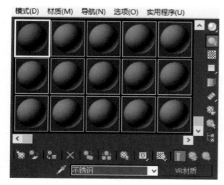

图6-89 材质球选择

图6-90 参数设置

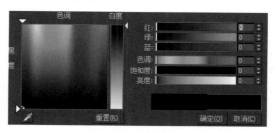

图6-91 【漫反射】参数

图6-92 【反射】参数

图6-93 【双向反射分布函数】卷展栏参数

② 漫反射的应用。

（3）案例操作步骤

① 单击【M】选择一个材质球，如图6-89所示。

② 设置【漫反射】颜色为黑色，【反射】颜色为白色，【菲涅尔折射率】为8，如图6-90～图6-92所示。

③ 在【双向反射分布函数】卷展栏下，修改模式为【沃德】，如图6-93所示。

在本案例中的不锈钢材质属于金属材质，金属材质的反射很强，受环境色影响大，所以对环境的依赖性也大，在渲染时要注意不能独立于环境而存在。

④ 将材质赋给模型。

（4）强化记忆快捷键

调出【材质编辑器】对话框：【M】

渲染图像：【F9】或【Shift】+【Q】

最大化视图显示：【Z】

最大化视口切换：【Alt】+【W】

平移视图：【Ctrl】+【P】

旋转视图：【Alt】+【鼠标中键】

操作技巧

多有纯金属类材质，漫反射均为纯黑色。

案例40 木地板材质

（1）案例技能演练目的

通过案例演示，初步了解木地板材质的创建方法，以及木地板材质参数的设定方式。

"木地板材质地面"的效果如图6-94所示。

（2）案例技能操作要点

① 创建木地板材质球。

图6-94 案例"木地板材质地面"的效果

② 木地板材质球的参数修改。

（3）案例操作步骤

① 选择一个材质球，设置为【VR材质】，单击【漫反射】右侧的贴图按钮，为其添加一个【位图】贴图，【模糊】值调为0.01，单击【反射】右侧的贴图按钮，为其添加一个【衰减】贴图，【衰减类型】为Fresnel，其他相关参数设置如图6-95～图6-97所示。

② 在【贴图】卷展栏的下方将【漫反射】通道的贴图复制到【凹凸】通道，并将凹凸值设置为15，如图6-98所示。

③ 在【修改器列表】中添加一个【UVW贴图】，选中【长方体】按钮，调整长度为2000mm、宽度为1000mm。如图6-99所示。

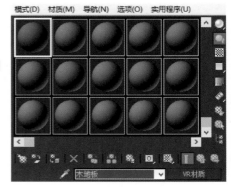

图6-95 创建地板材质球

图6-96 漫反射贴图及参数设置

图6-97 反射贴图及参数设置

图6-98 复制贴图

图6-99 【UVW贴图】
参数设置

④ 将材质赋给模型。

（4）强化记忆快捷键

调出【材质编辑器】对话框：【M】　　　　渲染图像：【F9】或【Shift】+【Q】

最大化视图显示：【Z】　　　　　　　　　最大化视口切换：【Alt】+【W】

平移视图：【Ctrl】+【P】

案例41 无缝壁纸材质

（1）案例技能演练目的

通过案例演示，初步了解无缝壁纸材质的创建方法，以及无缝壁纸材质参数的设定方式。

"无缝壁纸材质墙面"的效果如图6-100所示。

（2）案例技能操作要点

① 创建壁纸材质球。

② 壁纸材质球的参数修改。

（3）案例操作步骤

① 单击【M】弹出【材质编辑器】窗口，选择第一个未用材质球，将当前材质指定为【VR材质】，并将其命名为"壁纸"。如图6-101所示。

② 单击【漫反射】右侧的贴图按钮，为其添加一个【位图】贴图。如图6-102所示。

③ 在【坐标】卷展栏下调整【模糊】值为0.5，如图6-103所示。

图6-100 案例"无缝壁纸材质墙面"的效果

图6-102 【位图】贴图

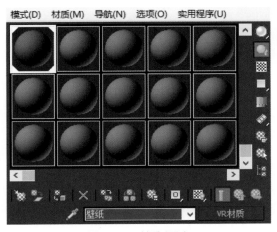

图6-101 材质球设定

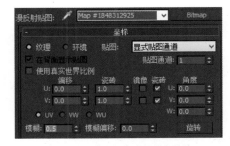

图6-103 【坐标】卷展栏参数值

④ 在【贴图】卷展栏的下方将【漫反射】通道的贴图复制到【凹凸】通道，并将凹凸值设置为15，如图6-104所示。

⑤ 在【修改器列表】中添加一个【UVW贴图】，选中【长方体】按钮，调整长度为1000mm、宽度为1000mm。如图6-105所示。

⑥ 将材质赋给模型。

（4）强化记忆快捷键

调出【材质编辑器】对话框：【M】

渲染图像：【F9】或【Shift】+【Q】

最大化视图显示：【Z】

最大化视口切换：【Alt】+【W】

平移视图：【Ctrl】+【P】

旋转视图：【Alt】+【鼠标中键】

图6-104 【贴图】卷展栏设置　图6-105 【UVW】参数设置

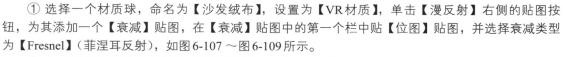

案例42　沙发绒布材质

（1）案例技能演练目的

通过案例演示，初步了解沙发绒布材质的创建方法，以及沙发绒布材质参数的设定方式。

"绒布沙发"的效果如图6-106所示。

（2）案例技能操作要点

① 创建沙发绒布材质球。

② 沙发绒布材质球的参数修改。

图6-106　案例"绒布沙发"的效果

（3）案例操作步骤

① 选择一个材质球，命名为【沙发绒布】，设置为【VR材质】，单击【漫反射】右侧的贴图按钮，为其添加一个【衰减】贴图，在【衰减】贴图中的第一个栏中贴【位图】贴图，并选择衰减类型为【Fresnel】（菲涅耳反射），如图6-107～图6-109所示。

② 在【选项】卷展栏中取消【跟踪反射】，如图6-110所示。

③ 在【贴图】卷展栏的下方将【漫反射】通道的贴图复制到【凹凸】通道，并将凹凸值设置为15，如图6-111所示。

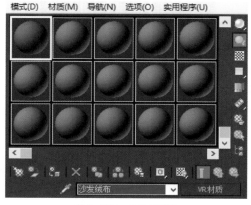

图6-107　命名材质球

图6-109　衰减参数

图6-108　衰减贴图

图6-110　【选项】卷展栏参数

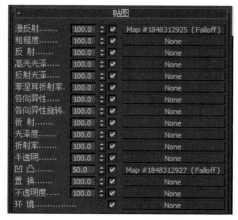

图6-111　【贴图】卷展栏设置

④ 将材质赋给模型。

（4）强化记忆快捷键

调出【材质编辑器】对话框：【M】

渲染图像：【F9】或【Shift】+【Q】

操作技巧

要表现出布艺的质感，除了需要一张不错的漫反射贴图外，还需注意到一般的布艺沙发表明会有一层白的绒毛质感，调整布艺材质时要将这一特点表现出来。

案例43 地毯材质

（1）案例技能演练目的

通过案例演示，初步了解地毯材质的创建方法，以及地毯材质参数的设定方式。

"地毯材质"的效果如图6-112所示。

（2）案例技能操作要点

① 创建地毯材质球。

② 地毯材质球的参数修改。

（3）案例操作步骤

① 选择一个材质球，命名为【地毯】，设置为【VR材质】，单击【漫反射】右侧的贴图按钮，为其添加一个【位图】贴图，如图6-113、图6-114所示。

图6-112 案例"地毯材质"的效果

② 设置【反射】颜色为灰色，【反射光泽度】为0.6，打开【菲涅耳折射】，设置【菲涅耳折射率】为1.4，如图6-115、图6-116所示。

③ 在【贴图】卷展栏的下方将【漫反射】通道的贴图复制到【凹凸】通道，并将凹凸值设置为15，如图6-117所示。

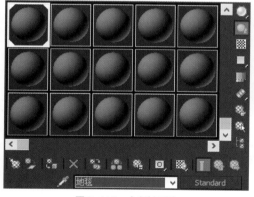

图6-114 【位图】贴图

图6-113 命名材质球

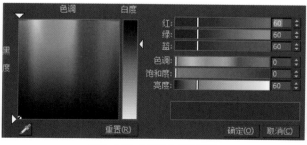

图6-115 【反射】参数设置

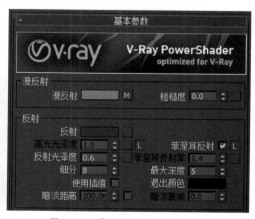

图6-116 【基本参数】卷展栏设置

④ 将材质赋给模型。

操作技巧

要表现出绒布的质感，除了需要一张不错的漫反射贴图外，还需注意到地毯会有一些凹凸质感，调整地毯材质时要将这一特点表现出来。另外，在将漫反射贴图复制为凹凸贴图的时候应采用关联复制。

（4）强化记忆快捷键

调出【材质编辑器】对话框：【M】

渲染图像：【F9】或【Shift】+【Q】

图6-117 【贴图】卷展栏设置

案例44 自拟材质库

（1）案例技能演练目的

通过案例演示，初步了解材质库的创建方法，以及材质库内材质球的应用。

（2）案例技能操作要点

① 创建材质球，并将材质球储存于材质库中。

② 材质库的运用。

（3）案例操作步骤

① 选择一个已经做好的材质球，单击【获取材质】按钮，在弹出【材质/贴图浏览器】窗口中单击左上角的倒三角，选择【新材质库】，命名为【常用材质库】，如图6-118～图6-120所示。

② 选择调好的材质球，单击【放入库】按钮，在弹出的列表中选择【常用材质库】，在弹出【放置入库】中单击【确定】，如图6-121～图6-122所示。

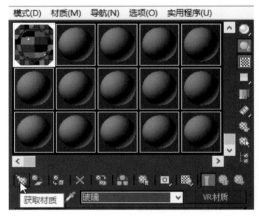

图6-118 单击【获取材质】按钮

③ 选择一个新的材质球，单击【Standard】按钮，在弹出的【材质/贴图浏览器】中找到刚刚命名的【常用材质库】，选择需要用的材质球，就可以直接应用了。如图6-123所示。

图6-119 选择【新材质库】

图6-120 材质库命名

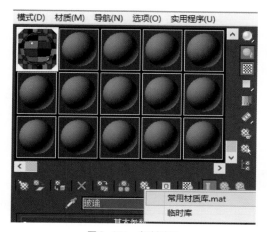

图6-121　复制贴图

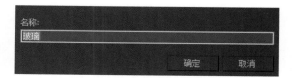

图6-122　命名，放置入库

图6-123　应用材质球

（4）强化记忆快捷键

调出【材质编辑器】对话框：【M】

第七章
室内效果图制作

学习目的

理顺制作效果图的思路；了解效果图制作流程和技巧；掌握独立绘制室内效果图的技能。

重点难点

重点：渲染器参数的详细设置。

难点：整体空间布局的掌控，灯光设置的方法。

第一节　基础建模

通过前面多种案例的学习，我们掌握了利用 3ds Max 制作图像的方法，本章我们以制作室内效果图为例系统进行讲解，首先从基础建模开始。

案例 45　利用 CAD 制作客厅墙体

（1）案例技能演示目的

利用 CAD 制作客厅墙体，了解、熟练 CAD 与 3ds Max 的导入功能设置。

（2）案例技能操作要点

① 导入 CAD 文件前的 3ds Max 相应技术参数设定。

② 导入 CAD 文件后，墙体建模设计的相关技巧。

（3）案例操作步骤

① 启动 3ds Max 2012 中文版软件，在菜单栏选择【自定义】 自定义(U) 下的【单位设置】 单位设置 按钮；在弹出的【单位设置】对话框中设置【显示单位比例】与【系统单位比例】为【毫米】，如图7-1、图7-2所示。

② 单击 3ds Max 2012 中文版界面右上角 按钮，在下拉菜单中选择【导入】 下的【导入】按钮 ，如图7-3所示。

③ 为方便以后编辑操作，首先要将 CAD 图纸成组；在顶视图中框选要成组的 CAD 室内平面图，在 3ds Max 2012 中文版菜单栏选择【组】下的【组】命令，如图7-4所示。

④ 在弹出的【组】对话框中输入【组名】，单击【确定】按钮，如图7-5所示。

⑤ 在3ds Max 2012中文版工具栏中的【选择并移动】 ![] 工具上单击鼠标右键，在弹出的【移动变化输入】对话框中更改【绝对：世界】X、Y、Z坐标输入0，将CAD图纸坐标回归到原点，方便以后操作，如图7-6所示。

⑥ 在3ds Max 2012中文版工具栏中按鼠标右键单击【捕捉开关】工具![]，在弹出的【栅格和捕捉设置】对话框中选择【捕捉】选项中的捕捉【垂足】、【顶点】，如图7-7所示。

⑦ 可使用【线】或【矩形】工具绘制墙体；选择【创建】—【图形】—【样条线】—【矩形】按钮，在3ds Max 2012中文版视图窗口中捕捉CAD平面图墙壁顶点，绘制矩形，如图7-8、图7-9所示。

图7-1 【单位设置】卷展栏参数

图7-2 【系统单位设置】卷展栏参数

图7-3 【导入】卷展栏

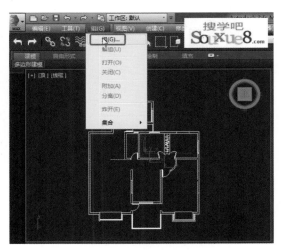

图7-4 【组】卷展栏

图7-5 【组】卷展栏参数

图7-6 【移动变化输入】卷展栏参数

图7-7 【栅格和捕捉设置】卷展栏参数

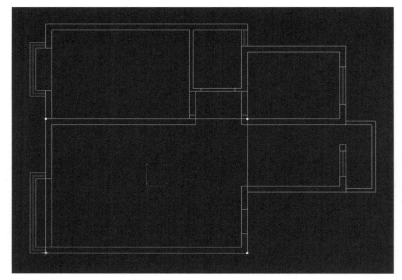

图7-8 【顶视图】

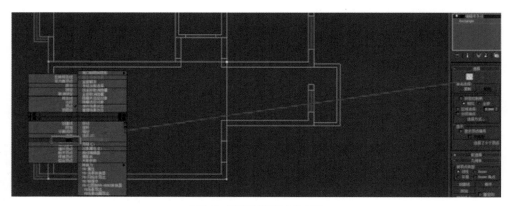

图7-9 【编辑样条线】卷展栏

⑧ 编辑样条线【顶点】，在顶视图中—【右键】—【细化】，然后对应【矩形】轮廓线添加【点】。如图7-10所示。

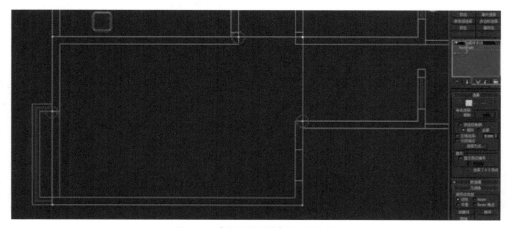

图7-10 【编辑样条线】卷展栏参数

⑨ 编辑样条线【分段】，在顶视图中选取，可用【Ctrl+左键】选取，然后删除，如图7-11所示。

⑩ 编辑样条线【样条线】，在下拉菜单【几何体】中选取【轮廓】，并输入墙体厚度240mm，点击键盘【Enter】键，生成墙体，如图7-12所示。

⑪ 添加【挤出】命令，数量为2800，命名为"墙体"，墙体生成，如图7-13所示。

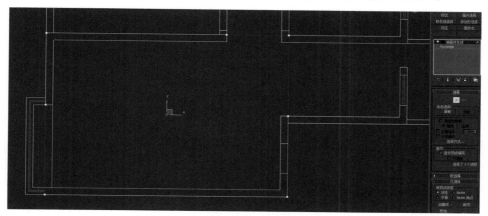

图7-11 【编辑样条线】卷展栏参数

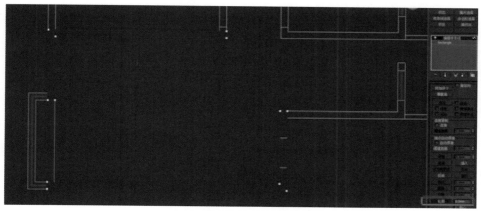

图7-12 【编辑样条线】卷展栏参数

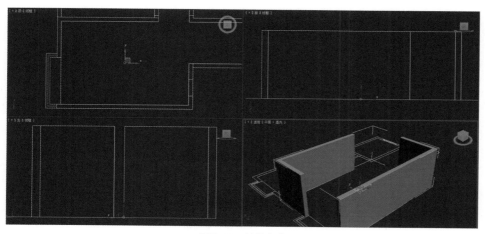

图7-13 墙体生成

案例46 制作客厅窗户

（1）案例技能演示目的

利用【编辑样条线】命令制作窗户，进一步了解3ds Max中的功能设置。

（2）案例技能操作要点

熟悉【编辑样条线】命令相应技术参数设定。

（3）案例操作步骤

① 使用【矩形】工具绘制窗台；选择【创建】—【图形】—【样条线】—【矩形】按钮，在3ds Max 2012中文版视图窗口中捕捉CAD平面图窗台【矩形】，添加【挤出】命令，数量为600，命名为"窗台"，"窗台"生成。如图7-14所示。

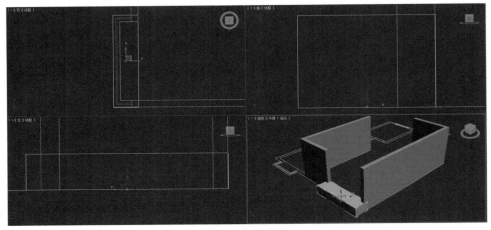

图7-14 "窗台"生成

② 使用【矩形】工具绘制窗口上方；选择【创建】—【图形】—【样条线】—【矩形】按钮，在3ds Max 2012中文版视图窗口中捕捉CAD平面图窗台【矩形】，编辑样条线【顶点】，在顶视图中—【右键】—【细化】，然后对应【矩形】轮廓线添加【点】。编辑样条线【分段】，删除客厅内侧一线，并在下拉菜单【几何体】中选取【轮廓】，并输入墙体厚度240mm，点击键盘【Enter】键，生成窗口上方轮廓线，并【挤出】，数量为400。生成窗口上方，如图7-15所示。

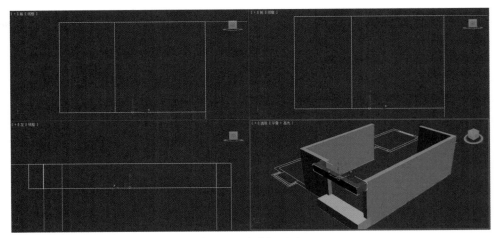

图7-15 生成窗口上方

③ 前视图：制作"左侧窗框"，使用【矩形】工具绘制窗框，尺寸如图7-16所示。编辑样条线【样条线】，在下拉菜单【几何体】中选取【轮廓】，数量为100mm，点击键盘【Enter键】，添加【挤出】命令，数量为100，生成"窗框"。前视图：制作"左侧玻璃"，使用【矩形】工具绘制玻璃。添加【挤出】命令，数量为10mm，生成"玻璃"。使用【对齐】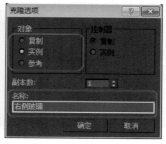工具，选择"左侧窗框"点击左键，弹出【对齐当前选择】，设定相关选项，使用【对齐】。如图7-17、图7-18所示。

④ 顶视图：长按键盘【Shift键】—【复制】"左侧窗框"，设定相关选项，生成"右侧窗户"。如图7-19所示。

⑤ 左视图：依照上述方式，制作"前侧窗户"，效果如图7-20所示。

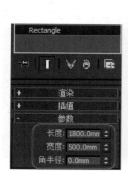
图7-16　参照数值

图7-17　参照数值

图7-18　卷展栏参数

图7-19　【克隆选项】卷展栏参数

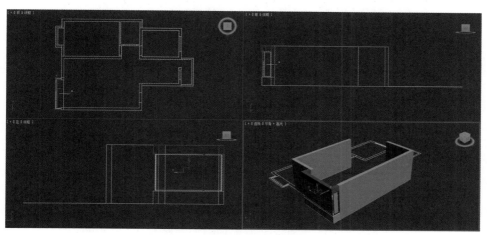
图7-20　制作出"前侧窗户"

案例47　制作客厅吊顶

（1）案例技能演示目的

利用【编辑样条线】命令制作吊顶，进一步了解3ds Max中的功能设置。

（2）案例技能操作要点

熟悉【编辑样条线】命令相应技术参数设定。

（3）案例操作步骤

① 顶视图：创建【图形】—【样条线】—【线】，点击【开光捕捉】，绘制"吊顶02"轮廓

线。创建【图形】—【样条线】—【矩形】，点击【开光捕捉】 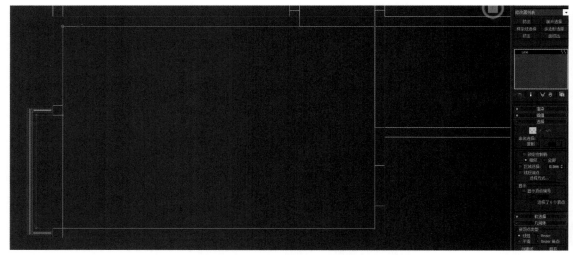，在下拉菜单【几何体】中选取【轮廓】，数值500mm，删除外部轮廓线，在下拉菜单【几何体】中选取【附加】，选取"吊顶01"轮廓线，生成吊顶"吊顶02"，添加【挤出】命令，数量为50mm，移动"吊顶02"在"吊顶01下方"间距100mm。如图7-21、图7-22所示。

图7-21　绘制吊顶轮廓线（1）

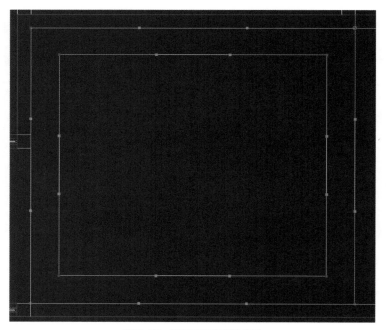

图7-22　绘制吊顶轮廓线（2）

　　② 顶视图：绘制一个矩形（长度100mm，宽度100mm），添加【编辑样条线】命令，进入"样条线"级别，设置【轮廓】为10mm。添加【挤出】命令，数量为100mm，命名为"射灯"，调整其位置。如图7-23所示。

　　顶视图：绘制一个矩形（长度85mm，宽度85mm），添加【挤出】命令，数量为102mm，命名为"灯"，调整其位置。如图7-24所示。

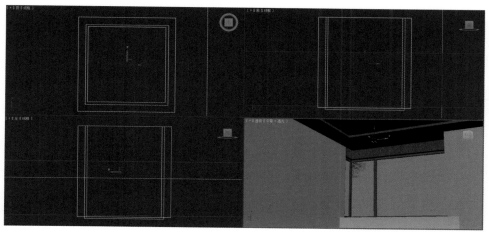

图7-23　绘制一个矩形

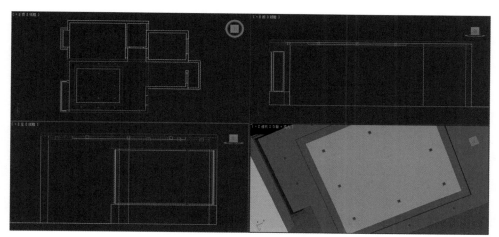

图7-24　命名为"灯"，调整其位置

案例48　制作客厅背景墙

（1）案例技能演示目的

利用【布尔】命令制作客厅背景墙，进一步了解3ds Max中的功能设置。

（2）案例技能操作要点

熟悉【布尔】命令相应技术参数设定。

（3）案例操作步骤

① 前视图：创建一个长方体（长度1800mm，宽度3600mm，高度120mm），命名为"电视背景墙"，调整其位置。创建两个长方体（长度2000mm，宽度20mm，高度20mm），命名为"电视背景墙线槽"，调整其位置。如图7-25所示。

② 透视图：选择"电视背景墙线槽"，单击【复合对象】面板中的【布尔】 布尔 按钮，拾取刚创建的长方体进行【差集】运算。如图7-26～图7-28所示。

③ 透视图：重复上述操作，继续使用【复合对象】面板中的【布尔】 布尔 按钮，拾取刚创建的长方体进行【差集】运算，生成"电视背景墙"。如图7-29所示。

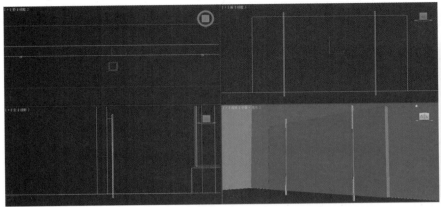

图7-25　创建"电视背景墙"和"电视背景墙线槽"

图7-26　【标准基本体】
卷展栏

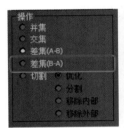

图7-27　【布尔】
卷展栏参数（1）

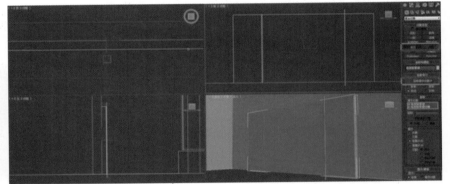

图7-28　【布尔】卷展栏参数（2）

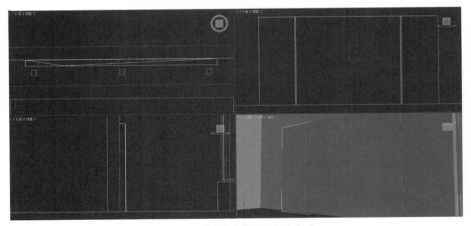

图7-29　【布尔】卷展栏参数（3）

案例49 制作其他部件

（1）案例技能演示目的

利用命令制作客厅其他物件，进一步了解3ds Max中的功能设置。

（2）案例技能操作要点

熟悉其他命令相应技术参数设定。

（3）案例操作步骤

① 顶视图：绘制一条开放的二维线形，添加【挤出】命令，数量为1200mm，命名为"窗帘"，调整其位置。如图7-30所示。

② 顶视图：通过【矩形】绘制一个"窗台台面"，添加【挤出】命令，数量为50mm，命名为"窗台台面"，调整其位置，如图7-31所示。

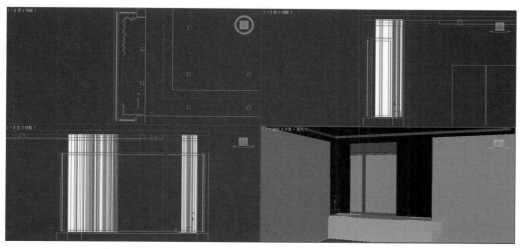

图7-30 绘制"窗帘"

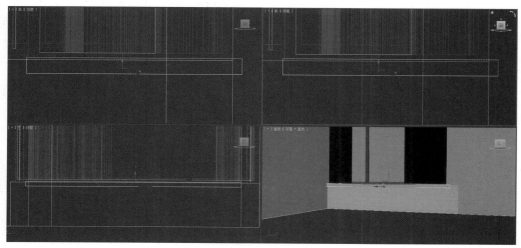

图7-31 绘制"窗台台面"

第二节　完善及深化

完成基础建模之后，我们需要进一步完善模型制作，并为空间设定灯光和材质，为效果图制作进一步深化。

案例50　导入外部模型

（1）案例技能演示目的

导入外部3ds Max模型，了解、熟练3ds Max的模型导入功能设置。

（2）案例技能操作要点

熟练3ds Max的模型导入功能设置。

（3）案例操作步骤

① 在菜单栏选择【导入】—【合并】，打开对话面板。如图7-32所示。

② 在【合并】对话框中，选择【全部】，单击【确认】。在菜单栏中，选择【组】—【成组】—【沙发】，调整模型到适当位置，如图7-33、图7-34所示。

③ 在菜单栏选择【导入】—【合并】，打开对话面板。在【合并】对话框中，如图7-35所示选择，单击【确认】。在菜单栏中，选择【组】—【成组】—【沙发】，在【移动】图标✥上右键，将X、Y、Z调整为"0"，调整模型到适当位置，如图7-35所示。

以此方法，分别导入"3D模型"文件夹中的"茶几""装饰画"等相应文件，并【移动】，确认其相关位置。

图7-32 【合并】卷展栏

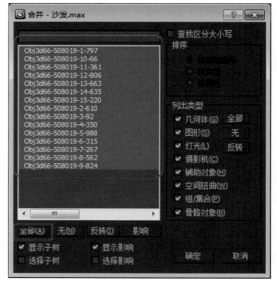

图7-33 【合并】卷展栏参数

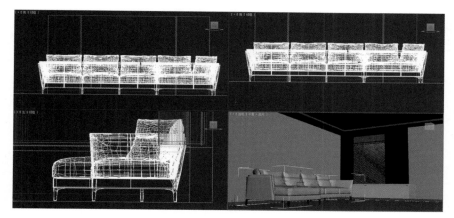

图7-34 "沙发"

图7-35 【移动变换输入】卷展栏参数

案例51 客厅灯光及材质设定

（1）案例技能演示目的

了解、熟练3ds Max中V-ray的灯光及材质设定，功能设置。

（2）案例技能操作要点

熟悉3ds Max中V-ray的灯光及材质的常规设置。

（3）案例操作步骤

① 顶视图：创建一盏【目标灯光】，【启用】V-Ray-Shadow，在【灯光分类】选取【光学度Web】，如图7-36、图7-37所示设置参数。

② 顶视图：沿X轴以"实例"方式移动复制多盏灯光，调整其位置。如图7-38所示。

③ 前视图：创建一盏【V-Ray光源】，如图7-39～图7-41所示，设置参数。

④ 前视图：创建一盏【目标灯光】，【启用】V-Ray-Shadow，在【灯光分类】选取【光学度Web】，如图7-42、图7-43所示设置参数，并镜像关联复制出另一盏。

⑤ 设置墙面材质。"墙面乳白色"参数设置：【漫反射】（255.255.255），【漫反射】（255.255.255），【反射光泽度】（0.7），【细分】（30），【菲涅耳反射】（开）。如图7-44、图7-45所示。

图7-36 【目标灯光】　图7-37 【目标灯光】
卷展栏参数（1）　卷展栏参数（2）

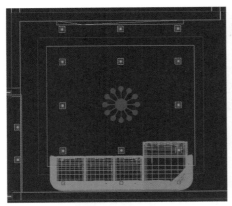

图7-38　移动复制多盏灯光

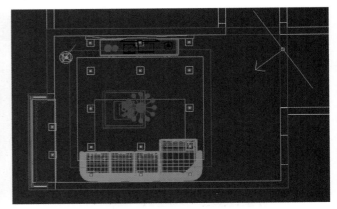

图7-39　创建一盏【V-Ray光源】

图7-40　【V-Ray光源】
卷展栏参数（1）

图7-41　【V-Ray光源】
卷展栏参数（2）

图7-42　【V-Ray光源】
卷展栏参数（3）

图7-43　【V-Ray光源】
卷展栏参数（4）

图7-44　【材质】

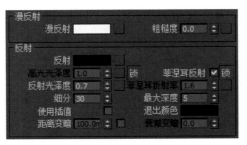

图7-45　【材质】卷展栏参数

"墙面灰蓝色"参数设置：【漫反射】（122.156.156），【漫反射】（255.255.255），【反射光泽度】（0.7），【细分】（30），菲涅耳反射（开）。如图7-46、图7-47所示。

图7-46 【材质】

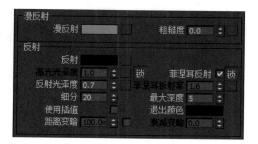

图7-47 【材质】卷展栏参数

　　"地板"参数设置：【漫反射】贴图选取"材质文件"内"地板01"材质贴图，【反射】（59.59.59），【高光光泽度】（0.9），【反射光泽度】（0.85），【细分】（16），如图7-49所示。选取【贴图】选项，将【漫反射】"地板01"贴图复制拖拽到【凸凹】贴图上，数字设置"30"，如图7-48～图7-50所示。

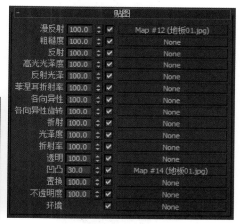

图7-48 【材质】

图7-49 【材质】卷展栏参数

图7-50 【材质】卷展栏参数

　　"黑色壁纸"参数设置：【漫反射】贴图选取"材质文件"内"黑色壁纸"材质贴图，【反射光泽度】（0.8），【细分】（20），菲涅耳反射（开），如图7-51、图7-52所示。

图7-51 【材质】

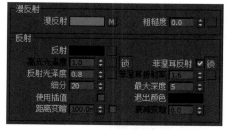

图7-52 【材质】卷展栏参数

　　"木质家居"参数设置：【漫反射】贴图选取"材质文件"内"木材01"材质贴图，【反射】（45.45.45），【高光光泽度】（0.85），【反射光泽度】（0.9），【细分】（20），如图7-54所示。选取【贴图】选项，将【漫反射】"木材01"贴图复制拖拽到【凸凹】贴图上，数字设置"30"，如图7-53、图7-54所示。

图7-53 【材质】

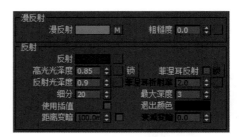

图7-54 【材质】卷展栏参数

"深灰不锈钢"参数设置：【漫反射】(65.65.65)，【反射】(201.201.201)，【高光光泽度】(1.0)，【反射光泽度】(0.95)，【细分】(15)，如图7-55、图7-56所示。

图7-55 【材质】

图7-56 【材质】卷展栏参数

"黑色玻璃"参数设置：【反射】(99.99.99)，【高光光泽度】(1.0)，【反射光泽度】(0.95)，【细分】(15)，如图7-57、图7-58所示。

图7-57 【材质】

图7-58 【材质】卷展栏参数

"黑色玻璃"参数设置：【漫反射】(128.128.128)，【反射】(15.15.15)，【高光光泽度】(1.0)，【反射光泽度】(0.9)，【细分】(10)，【折射】(238.238.238)，【光泽度】(0.95)，【细分】(20)，如图7-59、图7-60所示。

图7-59 【材质】

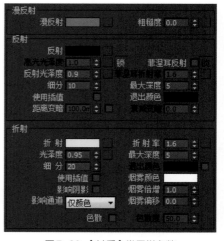

图7-60 【材质】卷展栏参数

"白色油漆"参数设置：【漫反射】(218.218.218)，【反射】(40.40.40)，【高光光泽度】(0.9)，【反射光泽度】(1.0)，【细分】(10)，如图7-61、图7-62所示。

图7-61 【材质】

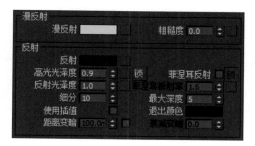

图7-62 【材质】卷展栏参数

"地毯"参数设置：【漫反射】贴图选取"材质文件"内"地毯01"材质贴图，将【漫反射】"地毯01"贴图复制拖拽到【置换】贴图上，数字设置"8"，如图7-63、图7-64所示。

图7-63 【材质】

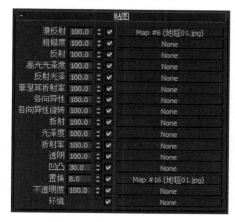

图7-64 【材质】卷展栏参数

案例52 渲染出图

（1）案例技能演示目的

了解、熟练3ds Max中V-ray的渲染功能设置。

（2）案例技能操作要点

熟悉3ds Max中V-ray的渲染功能设置。

（3）案例操作步骤

按【F10】键调出【渲染设置】窗口，设定【V-Ray Adv 2.10.01】为【指定渲染器】。如图7-65 ～ 图7-72所示。

图7-65 【指定渲染器】卷展栏参数

图7-66 【V-Ray帧缓存】卷展栏参数

图7-67 【V-Ray全局开关】卷展栏参数

图7-68 【V-Ray图像采样器】卷展栏参数

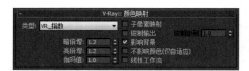

图7-69 【V-Ray颜色映射】卷展栏参数

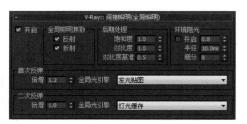

图7-70 【V-Ray间接照明】卷展栏参数

图7-71 【V-Ray发光贴图】卷展栏参数

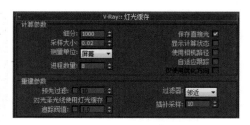

图7-72 【V-Ray灯光缓存】卷展栏参数

案例53　PS后期调整

（1）案例技能演示目的

了解、熟练 Adobe Photoshop CS6 设置。

（2）案例技能操作要点

熟练【路径】、【仿制图章】、【曲线】、【色阶】等相关工具的使用技巧。

（3）案例操作步骤

① 在 PS 中打开文件"客厅效果图"，选择【图像】—【调整】—【色阶】，设置相关数值如图7-73所示。

② 复制"背景"生成"背景副本"，打开"图片文件"内的"窗外夜景"，将该图层置于"背景副本"下，点取"背景副本"，使用【路径】工具抠图，右键【建立选区】（Ctrl+Enter），剪切粘贴图层（Ctrl+X，Ctrl+V），并将图层2移至"背景副本"上方。如图7-74、图7-75所示。

③ 隐藏"图层2"，选取"图层1"，使用【自由变换】（Ctrl+T），将"图层1"缩放调整，如图7-76、图7-77所示。显示"图层2"，调整【图层透明度】。

④ 打开"图片文件"内的"植物"，使用【色相/饱和度】（Ctrl+U），如图7-78所示，然后调整图像【透明度】数值为36%，如图7-79所示。

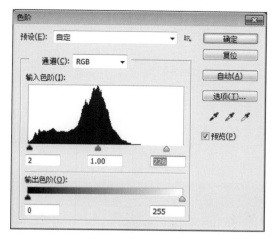

图7-73 【色阶】卷展栏参数

图7-74 "窗外夜景"

图7-75 【图层】卷展栏

图7-76 【色阶】卷展栏参数

图7-77 调整【图层透明度】

图7-78 【色相/饱和度】卷展栏参数

图7-79 效果

⑤ 选择【图像】—【调整】—【曲线】，调整参数如图7-80所示。使用【裁切】（C）工具调整构图，完成效果图。如图7-81所示。

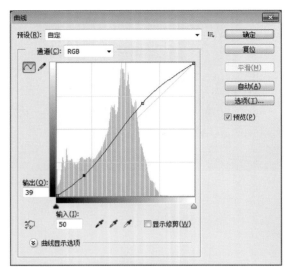

图7-80 【曲线】卷展栏参数

图7-81 完成效果图